自然博物馆里的伟大探险

失落的物种

[美] 克里斯托弗·肯普——著 柯宣延——译

THE LOST SPECIES:

Great Expeditions in the Collections of Natural History Museums

Christopher Kemp

北京时代华文书局

图书在版编目（CIP）数据

失落的物种：自然博物馆里的伟大探险 /（美）克里斯托弗 · 肯普著；柯宣延译 . — 北京：北京时代华文书局，2020.10

书名原文：The lost species : great expeditionsin the collections of natural history museums

ISBN 978-7-5699-3471-7

Ⅰ . ①失… Ⅱ . ①克… ②柯… Ⅲ . ①濒危种—普及读物 Ⅳ . ① Q111.7-49

中国版本图书馆 CIP 数据核字 (2020) 第 189934 号

失落的物种：自然博物馆里的伟大探险

SHILUO DE WUZHONG ZIRAN BOWUGUAN LI DE WEIDA TANXIAN

著　　者 | ［美］克里斯托弗 · 肯普
译　　者 | 柯宣延

出 版 人 | 陈　涛
策划编辑 | 周　磊
责任编辑 | 周　磊
责任校对 | 徐敏峰
装帧设计 | 程　慧　迟　稳
责任印制 | 訾　敬

出版发行 | 北京时代华文书局 http://www.bjsdsj.com.cn
北京市东城区安定门外大街 138 号皇城国际大厦 A 座 8 楼
邮编：100011　电话：010 - 64267955　64267677
印　　刷 | 三河市嘉科万达彩色印刷有限公司 0316-3156777
（如发现印装质量问题，请与印刷厂联系调换）
开　　本 | 710 mm × 960 mm　1/16　　印　　张 | 15.5　　字　　数 | 226 千字
版　　次 | 2021 年 5 月第 1 版　　印　　次 | 2021 年 5 月第 1 次印刷
书　　号 | ISBN 978-7-5699-3471-7
定　　价 | 48.00 元

献给我的家人

分类学（*taxonomy*）是生物学名词，是科学中关于分类的一条分支，尤其是对生物和系统的分类，研究范围包括：

（1）对某物的分类，尤其是生物，例如，“化石分类”；

（2）分类的模式。

分类学的复数形式为“*taxonomies*”。例如，“气味分类（*a taxonomy of smells*）”。该词源于19世纪早期，由希腊单词 *taxis*（排列）和 *nomia*（分布）创造而来的法语词。

名不正，则言不顺；言不顺，则事不成。

——孔子

博物馆的藏品是大规模的科研设备。问题在于，它们看起来并不像是这么回事。如果你去看大型强子对撞机或者其他的粒子加速器、无线电天文望远镜之类的设备，进去之后你会看到亮光、开关，还有一些发出噪声的东西。那些设备里面光洁明亮，还有人跑来跑去操纵计算机，看上去非常高科技。如果你走进一个博物馆的地下室，看到一堆放在架子上的罐子，估计你不会说：“这和粒子加速器是一类东西。”

但那些藏品确实是。

——克里斯多夫·诺里斯（Christopher Norris）

耶鲁大学皮博迪自然历史博物馆

名为万物之果。（*Nomina sunt consequentia rerum.*）

——但丁（Dante）

引　言

几年前，田纳西大学的昆虫学家斯特利奥斯·查兹曼诺利斯（Stylianos Chatzimanolis），从英国自然历史博物馆借来了一盒未被归类的甲虫。分类学家一直在做这样的事情：他们像从图书馆借书一样，从其他自然历史博物馆的藏品中借来研究材料。当时，查兹曼诺利斯借来的这些甲虫还未被世人所知——或者说还未被归类。之前有野外生物学家收集过这些甲虫，但没有人正式地描述它们。

英国自然历史博物馆

当标本盒抵达田纳西州的查塔努市时，查兹曼诺利斯发现有 20 只左右的甲虫标本被钉在盒子里。但有一只甲虫和其他的不太一样。首先，它看起来年龄大很多，是一只身长且腹部弯曲分段的隐翅甲，但身形尤其大，头部较宽且呈斑斓的绿色。

查尔斯·达尔文

人们在 1832 年于阿根廷收集过这种昆虫的标本。当查兹曼诺利斯准备更近距离地观察标本和它泛黄的手写标签时，他发现这种甲虫早在“小猎犬号之旅”中就被年轻的查尔斯·达尔文（Charles Darwin）收集到了。不知道为什么，没有人描述它，在未命名的情况下被储藏起来，随后在英国自然历史博物馆数量巨大的昆虫藏品中消失得无影无踪。

最终，经历了 180 年的收藏之后，查兹曼诺利斯为其命名。这种甲虫和其他已知种类的甲虫完全不一样，因此查兹曼诺利斯不得不建立一个全新的类别来将其囊括在内。他将这种甲虫命名为达尔文隐翅甲（*Darwinilus sedarisi*）。

现在这种甲虫已经有了名字，但核心问题依旧存在：命名重要吗？有必要给它命名吗？这个标本已经等待 180 年，为什么现在给它命名？其实这非常重要。

每个单一物种，都是地球生物多样性不可缺少的组成部分。几个世纪以来，科学家们一直致力于对自然界进行描述、分类和排序。当一个新物种被命名后，一系列其他工作就能得以迅速推进。通过研究一个新命名的物种及其近亲，生物学家能够得到对这个物种演化过程更深的理解；生态学家有机会得知极其复杂的生态系统的运作原理；环保研究者能够获得关于如何管理环境以保持种群数量的更深刻的见解。而要实现这一切，我们首先要知道这个物种的存在。

我们可以把地球的生物多样性当作一支交响曲，每个物种代表了一个音符。一个单独的音符是没有任何意义的。但随着时间的推移，音符们聚集在一起并开始相互交融后就形成了主题。主题不断重复，慢慢构建成为乐章——丰盈的音乐片段，而不仅仅是每个部分的总和。但如果这页乐谱不完整呢？目前地球上被命名的物种约占总物种数的五分之一。想象一下，如果交响乐队在演奏贝多芬的第九交响乐时每五个音符才演奏一次，音符间隔处静寂无声，那该是什么样的情景？对主题的表达，对渐渐达到高潮的副歌的演奏会产生什么影响？如果我们连地球生物多样性一半的组成部分都不了解，又何谈了解其丰富？

未知的物种遍布于世界各地的博物馆与生物库中。据估算，新描述的哺乳动物的 75% 已经存在于这世界某个角落的自然历史博物馆中了。其他物种也是如此：从寄生虫、青蛙、鱼到珊瑚、苍蝇，从螃蟹、蛾到地衣、苔藓。2012 年，一名研究者在哥本哈根自然历史博物馆内发现了一种以卵为食的海蛇。这种蛇名为摩西剑尾海蛇（*Aipysurus mosaicus*），在 19 世纪后期被收集，因其棕色与淡黄色的鳞片组成的马赛克纹路而得名。在过去很长一段时间内，它一直被错误地归类和标记为另一种近似的物种，储存在罐中逾一个世纪。

但由于它实在太与众不同了，一位眼尖的两栖爬行动物学者马上就发现了它。

据《2010 年美国国家科学院院刊》（*2010 Proceedings of the National Academy of Science*）研究报告的作者估算，在 7 万多种还未被命名的开花植物中，有一半已经被收集，并储藏在植物标本室里，没有自己的名字。我们不难猜想为什么会发生这样的事情。仅位于华盛顿的美国国立自然历史博物馆中堪称包罗万物的昆虫部就储藏了约 3 000 万件昆虫标本。标本数量太过巨大，分类学家和策展人很难对它们一一进行鉴别、分类和命名。

即使一种标本被鉴别出来，还是经常会被错误地归类和命名。《当代生物学》（*Current Biology*）杂志 2015 年 11 月的一篇文章中，研究人员评估了 21 世纪植物标本室中标本命名的精确性。在被考察的标本中，基本一半的命名都是错误的。标本的收藏中充满了错误，这一问题不容小觑。如果标本的标签都是错的，那收集还有何用处？如果这些标本不是我们所认为的物种又该怎么办？从 1970 年到 2000 年，植物标本室里的热带植物标本的数量翻了一番，但最近收集的大部分标本的命名都是错的，很多甚至没有名字。字迹已经模糊的手写标签上可能是“新物种？”这种令人欲知其名而不得的注释，或者干脆注释为“nov. sp. [1]?”

出现这种情况是因为我们对周遭这个生机勃勃的自然界所知甚少，甚至不了解其皮毛。根据多数人估计，地球上大约有 1 000 万种物种，但已经被命名的不超过 200 万种。剩余的物种还处于未被人类所知的状态。我们身处于由上千种互相联系的生物组成的广阔又极其复杂的生物系统中，但对这些生物互相沟通的方式和扮演的角色并不完全清楚。我们不知道如果一个物种——例如，一种其貌不扬的甲虫，或者一种蝙蝠、青蛙、兰花——从世界

---

[1] novel species，“新物种”的缩写。

上消失，生态系统会受到什么影响。很有可能生态系统仍然照常运作，以一种看不见的方式进行平衡和适应。但怎么平衡适应？从中又能透露其余物种的什么信息？

换句话说，地球上大部分生物对我们而言还是一个谜——它们既没有被描述，也没有被充分研究。命名一种普通的甲虫不会使它的生态角色发生任何变化，什么都改变不了。但是，如果我们连生物体的类别都不能确认，又如何理解生命的复杂性？一种连名字都没有的动物又如何能得到保护？

几百年来，自然历史博物馆里的标本和它们最初的收集者帮助我们了解了周遭生物的多样性。如今，分类学家和生物学家每年对大约 8 万种物种进行描述。每天都有新物种被命名。这里面包括已经灭绝成为化石的物种和细菌、病毒之类的微生物。首先要确认正模标本，用以描述和定义整个物种的单个标本。生命之树上萌发新芽，是地球上大部分未知的生物多样性中不可或缺的部分。虽然 8 万种新物种听起来是个庞大的数量，但其实只占了地球上所有物种中很小的一部分。

实际上，我们周围遍布着没有名字的物种。分类学家兼纽约州立环境科学与林业学院院长昆廷·惠勒（Quentin Wheeler）表示，现存的昆虫中我们可能至多命名了四分之一。我们在任何地方都会发现新物种，从城市后院到遥远雨林，再到海洋深处。2016 年 9 月，纽约罗契斯特大学的研究者给一种新发现的热带蚂蚁命名为“勒氏须蚁”（*Lenomyrmex hoelldobleri*）。他们在给名为“小恶魔”（*Oophaga sylvatica*）的色泽鲜艳、通体橘黄的毒蛙清洗胃部时发现了这种已经死了的体形较小的蚂蚁。这种蚂蚁生活在厄瓜多尔雨林。因为这只是一件标本，又是在青蛙的胃里发现的，没人准确地知道它们生活在哪里。鲨鱼学者大卫·艾伯特仅在一家中国台湾鱼市的鱼类标本中就命名了 10 种新的鲨鱼。不过更多情况下，生物学家收集了新物种后并未给它们命名。

当你去参观一些规模较大的著名藏品展（例如芝加哥的菲尔德自然史博物馆、加州自然科学院，或者位于莱顿、伦敦、巴黎、圣保罗的博物馆）时，你可能很难认识到公共空间之外的标本数量有多大。仅美国自然历史博物馆的蝙蝠标本就有超过 25 万件，而这只是更大、更全面的哺乳动物藏品中的一小部分。藏品的数量每年都在增加。野外生物学家在偏远的地方工作，收集处理蝙蝠标本，用地理数据标注，然后把它们登记到标本藏品的名单里。来自世界各地的科学家前往纽约研究和比较这些标本，这里就像一个巨大的生物材料参考图书馆。或者，他们从博物馆里借来标本，就像查兹曼诺利斯从英国自然历史博物馆（由鞘翅目昆虫学家马克思·巴克莱（Max Barclay）监管，昆虫标本数量巨大，囊括了大约 1 000 万种不同的昆虫标本，每年仅从这些标本中被命名的新甲虫物种就有超过 1 000 种）借来甲虫标本。在美国，自然历史博物馆估计有 10 亿件标本；夏威夷檀香山的毕夏普博物馆的昆虫藏品中有 1 400 万件标本，包括 36 种蚊虫的正模标本；杜克大学的标本室有超过 16 万件苔藓标本；加州自然科学院的两栖爬行动物藏品包含了来自 175 个国家和地区的超过 30 万件已被分类的标本；史密斯学会中最古老的生物标本可以追溯到 1504 年。

一件标本从收集到被描述的时间被称为“橱柜时间”或“保存时间”。根据《当代生物学》（*Current Biology*）杂志刊登的一篇文章所述，生物标本的平均橱柜时间大约为 21 年。命名和描述生物是个非常艰难的过程，会耗费大量的时间。

但是少数情况下，一些标本的橱柜时间会延长很多，变得相当漫长。这些标本会被储藏在地下室、储藏柜、抽屉或装有固定剂的罐子里，等待长达 50 年或 75 年，有时会到 100 年甚至更久。它们的标签慢慢变黄褪色，收集它们的人也与世长辞了，但这些标本仍在等待。岁月流逝，世界也发生了变化。战争爆发，科技进步，保存着这些标本的国家的版图一再更改，这些标本藏品却丝毫未变。很多时候这些标本还和几百万件其他标本放在一起，使得它们更难被人发现。

一只未知类别的蜘蛛可能和其他 50 只已经为人熟知的常见蜘蛛放在一个烧瓶里。这种蜘蛛在一些细节处有明显的不同，这会告诉我们关于它来自的生态系统和演化进程的信息，但现在我们几乎无法找到它。它可能永远都不会被发现。

在之后的某一天，一位研究生成为某一类蜘蛛的专家，他拿下瓶口的塞子，意外地发现了一些特别之处。

自然历史博物馆藏品的现状不容乐观，很多都岌岌可危。近年来，许多研究机构的经费都被削减了，致力于收藏的分类学家的人数也在下降。如今很多分类工作由进化生物学家完成，他们也没有资金支持。作为重要的管理人员，负责藏品保护和整理的策展人也在消失。举个例子，2001 年，菲尔德博物馆有 39 名策展人，到 2017 年就只剩下 21 名了。位于华盛顿的美国国立自然历史博物馆策展人的人数在 1993 年高达 122 名，到 2017 年只有 81 名，少了约 30%。在过去，很多大型藏品管理机构都有一支保管队伍，每个策展人都是不同方面的专家：有三四个是哺乳动物学家，两位是鱼类学者。队伍里可能还有些知识渊博的昆虫学家，他们各自对某一类高度专门化的生物种群有着极高的兴趣和丰富的知识储备。现在这些专家的工作都被推到某一个藏品策展人身上，工作量之大使他感到不堪重负。而一些机构连藏品策展人的人数都不够。如今菲尔德博物馆的古植物、真菌、古人类、哺乳动物这几类重要的藏品都缺少策展人。

想象一个图书馆，里面装满了罕见而重要的书籍，却没有保管它们的人。

有时候一组自然标本的藏品会一起消失。在一些小型机构或学术部门，负责某类藏品的专家退休或去世后会遗留下上千件标本。少数情况下，这些被遗留下来的标本会被更大型的机构接收，纳入已经建立的藏品库中。但有些时候，它们就没那么幸运了。

随着新技术的出现，很多机构开始进行数字化收藏，这一进程使全世界的研究者得以于千里之外评估标本。由自然科学基金会投资的美国生物标本数据化平台（Integrated Digitized Biocollections，iDigBio）就是一项正在进行的全球合作的项目。结果令人惊叹：iDigBio 建立了全世界超过 7 200 万件不同标本的记录链接，包括从地衣、苔藓到低地大猩猩等各种生物的收集数据。全球生物多样性信息网络（Global Biodiversity Information Facility，GBIF）是另外一个项目：它是在各国政府支持下建立的数据库，旨在为全世界的机构数百万（如今已超过 5 000 万）的数字化记录提供单一访问点。柏林自然历史博物馆的研究人员已经开始昆虫数字化收藏工作，将每个标本转化为细节详细完备、能够旋转，从而可以从各角度观察的高分辨率球形影像。这意味着我现在可以坐在我的沙发上，观察从约旦河西岸采集的金龟子黄蜂（*Chrysis Marqueti*）闪闪发光的表面。或者，被刺穿在柏林的大头针上的半额叶蝉（*Hemidictya frondosa*）—— 一种奶油色的巴西蝉，保持着飞行的状态，展开着它那叶脉状的翅膀。

总的来说，数字化的藏品将增加分类知识，并有助于减少阻碍物种描述的障碍。鉴定的阻碍（也被称为分类学障碍）包括分类学家和策展人的不足、未确认的对象过多、研究兴趣不足以及对机构的支持的不断减少。如果对类似 iDigBio 的项目的资金支持停止或间歇性停止，那数字化努力的脚步也就停下了。

不管怎样，亲自接触标本的体验是不可替代的。手上标本的实感对大脑的触动是屏幕影像无法做到的。

对收藏界的许多人来说，自然标本藏品仿佛已随风飘逝。人们认为自然历史博物馆就像维多利亚时代的古老场所，光线昏暗，灰尘飞扬，如同一个模拟的世界。装满动物尸体的储物罐已经没有用处。毕竟，我们能从一只 180 年历史的甲虫标本上知道什么呢?

但现在标本藏品变得前所未有地重要。地球上的生物不断变化，而它们为我们提供了不可磨灭的分类学记录。许多科学家都表示，如今生物消失得比以往任何一个时期都要迅速。据估算，现今生物灭绝的速度，比自然背景下的生物灭绝速度快 1 000 倍——比之前的计算结果要快得多。我们已经进入了科学家所说的“第六次生物大灭绝”时代。对于一些物种来说，唯一能说明它们存在的只有那些少数被收集来的标本——自然界已经无法觅其踪迹。标本藏品有各种具体的用处，它们使研究者能够理解例如气候变化的复杂进程的影响，将某一地区过去和现在的不同物种进行比较。我们可以利用标本收藏查明侵入物种的引进和生态系统出现的问题；鸟类学家可以利用标本数据追踪鸟类迁徙模式的变化；美国自然历史博物馆中的 25 万件蝙蝠标本之类的生物标本，甚至可以让流行病学专家得以追踪埃博拉病毒（定期暴发于人类群体随后消失于动物宿主）之类的致命性动物传染病的暴发和原因。

更重要的是，这些藏品还记录着人类的行为。它们讲述着宏大的人类历史故事。一只来自加纳的无名天牛，或者一只越南蜗牛的长期中空的涡轮形背壳，就可以折射出长达 300 年的科学思想。这些标本来自世界各地：从海洋底部到火山内部，从撒哈拉以南的非洲到婆罗洲的热带雨林，美国城市后院以及南极无边无际的脆弱的冻原地带。而未知的谜团就埋藏在这些大量的标本中。

它们或许会消失一段时间——有时是几个世纪，但终会被发现。

目 录

脊椎动物

无脊椎动物

植 物

其 他

脊椎动物

高耸入云：小型犬浣熊

（*Bassaricyon neblina*）

克里斯托弗·赫尔根（Kristofer Helgen）仍记得他在位于伊利诺伊州芝加哥市的菲尔德自然历史博物馆打开一个抽屉后发现了一个新物种的时刻。那是 2003 年 12 月，北方的冬天明媚而寒冷，拥挤的城市街道被向密歇根湖呼啸行进的狂风席卷得干干净净。

菲尔德博物馆广博的哺乳动物收藏馆内温暖而安静。在博物馆内部深处有几间没有窗户、由砖头砌起来的拥挤的房间，厚厚的墙壁将这些房间与外界隔绝。几个研究人员安静地在书桌前工作，他们仔细测量着一排看起来一模一样的蝙蝠标本，或者从柜子里拿出一个保龄球似的海象头骨。赫尔根是阿德莱德大学环境研究所的一名研究员，他站在一个快顶到天花板的柜子前。柜子中的几个抽屉存放着“犬浣熊”（一种生活在中美和南美偏远的云雾林中的小型树栖浣熊类哺乳动物）的头骨和保存完好的皮肤。赫尔根特意前来菲尔德博物馆考察小型犬浣熊的标本，但当他打开抽屉的时候，他就知道自己发现了新东西。

“它们华丽、柔软，长满厚厚的红毛，”他告诉我，“我立马就知道它们不是犬浣熊。它们和目前任何被描述和命名的物种都不一样。”

赫尔根用了十几年的时间进行仔细的调查，前往厄瓜多尔北部的野外寻找这种动物，最终将这个新物种命名为“小型犬浣熊”。在 2013 年发布的正式描述中，他根据 *neblina* 这个单词，将这一物种的学名定为 *Bassaricyon neblina*。*neblina* 在西班牙语里是薄雾的意思。他在薄雾中发现了它，并为它命名，使这个物种确定下来。

“这件事很好地说明了一个道理：如果连自己观察的是什么都不知道，它可能就这样在你眼前消失。”赫尔根说。

如果说有人有能力发现小型犬浣熊这一没有记载于菲尔德博物馆收藏中的物种——要知道这家博物馆关于其他物种的分类是极其详尽的——那个人就是赫尔根。赫尔根和同事在博物馆藏品中发现的古老标本，仅他命名的就有 30 多种哺乳类物种和亚种。

事实上，他已经为这项研究准备了大半生。“在我还是个孩子的时候，我就很好奇世界上到底有多少种哺乳动物，”赫尔根说，“10 岁的时候，我就已经知道了几乎所有哺乳动物的学名。”

37 岁的赫尔根还很年轻，顶着一头和犬浣熊毛色一样的红色头发。他发现标本之间细微差别的能力众所周知。赫尔根说，当他还是个孩子时就已经发现了一些分类上的盲点—— 一整个未被人所研究的生物属。没有人确切地知道这个属里到底有多少种生物。“首当其冲的就是小型犬浣熊种。”赫尔根说。

标本：当从野外收集的标本到博物馆时，将进行剥皮和处理，由此踏上了通往成为动物艺术品的道路，其价值得以流传百世。标本的软组织要去除；骨架被放进装满皮蠹虫的盒子里，几个小时内皮蠹虫就可以有效地剥除骨上的肉，留下一副干干净净的骨架。在当今分子生物学时代，研究者在野外采集某个物种后会制作多个组织标本，然后把它们冷冻起来，以供后期对其

DNA 进行分子分析。但在厄瓜多尔和哥伦比亚收集第一批犬浣熊标本时，还没有人预见到分子技术的到来。人们甚至不知道 DNA 为何物：DNA 的结构研究几十年后才开始出现。那个时候，标本只是抽屉里的一撮皮毛、盒子里的头骨和支离破碎的骨架。每个标本都被仔细地标注了手写的号码。抽屉里，犬浣熊的外皮并排放置，就像一件件鲜艳的红披肩；鸟类和哺乳动物的眼窝里塞满了白色的棉花；昆虫都被钉起来；鱼类和两栖动物都经过干燥处理或储存在液体防腐剂中。

有时连皮肤也没有被保留下来，只有一个头骨或头骨的一部分——头骨碎片留存下来，或许还有几块骨头。甲虫标本可能没有腹部；壁虎标本可能没有尾巴，只留下破烂的残肢；蝙蝠标本受损的翅膀上有一个正圆形弹丸孔，因为收集者从空中击中了它，等它打着转落下后把它收集了起来。研究者必须研究藏品里所有的标本。

自 1876 年首次设立后，犬浣熊属（*Bassaricyon*）一直是一个谜团。赫尔根决心解决这个问题。他先有条不紊地确定成员种类，继而填补记录中他认为的空白部分。他说，在过去，一些物种虽然已经被命名，但很快就被遗忘了，没有以合适的方式纳入族谱；还有一些他称为“过度分化”，即一个物种被错误地划分为几个实际上并不存在的物种。为了搞清楚这一点，赫尔根知道自己必须在全世界范围内搜寻博物馆的藏品，尽可能多地定位、比较和测量犬浣熊的标本。

“我学会了分类犬浣熊。”他说。当他打开菲尔德博物馆本应装满犬浣熊标本的一个抽屉，赫尔根说自己当时第一想法是：“我是不是搞错了？是我找错地方了吗？这个生物是什么？”

他仔细观察这些标本，注意它们种种细枝末节。“我打开旁边的头骨收纳盒，里面果然是浣熊。它和犬浣熊很像，”赫尔根说，“但有些地方完全不一样。”

“即使是像我这样没有接受过识别相似物种间形态上细微甚至几乎观察不出的差异的训练的人都知道，尖吻浣熊和小型犬浣熊的头骨是不同的。”

这些差异细微却深刻。小型犬浣熊体形较小，体重约为两磅[1]，是浣熊家族中体形最小的成员。它们的牙齿更小，头骨形态也有许多细微的不同之处。它们栖息地的海拔为 5 000 ~ 9 000 英尺[2]，比犬浣熊栖息地的海拔更高。小型犬浣熊的皮毛比近亲的更长、更密，专门为了适应安第斯山脉北部高海拔雨林栖息地环境。

“你可能以为它们只居住在一处山顶上，”赫尔根说，“这就是为什么之前人们都没有发现它。其实这个物种遍布安第斯山北部。你可能以为小型犬浣熊没有多少类变种，但其实它有 4 个种类且每类都明显不同。我们把它们都命名为亚种。”

实际上，这 4 种新被命名的亚种标本几十年前就已经被收集，只是到现在才被人关注。这个完整学名为 *Bassaricyon neblina neblina* 的物种正模标本现在收藏于纽约的美国自然历史博物馆，标本编号 M-66753。像所有正模标本一样，不管在哪家机构，都清晰地标上了显示其典型标本首要地位的红色标记，然后被安全地锁了起来。正模标本具有不可替代的重要性，受到最高级别的安全保护。1923 年 9 月 21 日，美国野外生物学家乔治・亨利・汉密尔顿・塔特（George Henry Hamilton Tate）在厄瓜多尔北部的拉斯马奎纳斯收集到了这个标本。该标本已经被收藏了长达 90 年。第一个小型犬浣熊标本早在 1898 年 6 月就收集到了。这个标本也是美国自然历史博物馆哺乳动物藏

[1] 1 磅 = 0.453 6 千克。

[2] 1 英尺 = 0.304 8 米。

品中的一部分，其他 3 个小型犬浣熊亚种的标本是菲尔德博物馆哺乳动物藏品的一部分，这些藏品都是 20 世纪 50 年代在哥伦比亚收集的。突然间，犬浣熊属要进行调整，以纳入新成员。

赫尔根还描述了一张 1951 年 9 月 6 日拍摄的小型犬浣熊的黑白照片，照片上有些奇怪的绿点。照片中，一位留着胡须、光着脚、穿着打补丁的牛仔裤的厄瓜多尔猎人蹲在哥伦比亚圣奥古斯丁丛林边缘的草地上。他眯着眼对着照相机，两只手各拿着一只小型犬浣熊的尸体，脖子上还挂着一条长尾黄鼠狼（*Mustela frenata*）。这张照片由菲利普・赫什科维茨（Philip Hershkovitz）拍摄。他是一个策划举办过多场展览的策展人和标本收集者，在菲尔德博物馆工作了 50 年，于 1997 年去世。每只小型犬浣熊的身体都和家猫差不多大，尾巴笔直且呈刷子状，比它纤细弯曲的身躯还要长。猎人拿的其中一只动物在 62 年后成为另一个名为 *Bassaricyon neblina hershkovitzi* 的亚种的正模标本。换句话说，这张照片正好捕捉到了一个新物种被发现的瞬间，也标志着这个发现被忽视，然后悄然消失的确切时刻。

小型犬浣熊此前就已经被忽视了，之后也还是被忽视。赫尔根说，在 20 世纪 60 年代和 70 年代，几家动物园饲养着一只小型犬浣熊。它的声音和其他犬浣熊都不一样，也拒绝和其他犬浣熊交配，所以它不停地从一个动物园搬到另一个动物园——从圣路易斯到华盛顿，如此往复。

但它其实是被误认成了犬浣熊。

这 4 个小型犬浣熊亚种在形态上是截然不同的，赫尔根在博物馆数百次精确的博物馆测量已经证明了这一点。它们的栖息处也是不同的。最终，很明显，每一个小型犬浣熊亚种都有微妙的栖息领域划分。第一种栖息在哥伦比亚北部安第斯山脉西部斜坡上的森林林冠中；第二种的栖息地横贯安第斯山脉西部和中部荒凉的高海拔山口到达南部和东部，栖息在安第斯山脉中部的车坡上；第三种栖息在更南边的地方，厄瓜多尔北部山区；最后一个神秘的亚种似乎生活在其他 3 类栖息地之间可以互相渗透的、尚不明确的地方。

通过在地图上绘制出每个博物馆标本的收集数据，赫尔根确认了它们独特的领地。“我深入研究，确认自己了解了安第斯山脉北部地区复杂的地理情况。”赫尔根说，“我查阅了地图、地名辞典等。真相渐渐浮出水面，我发现这些不同的山坡、安第斯山的不同位置，都和小型犬浣熊亚种的不同形态相关联。”

2006 年 8 月，赫尔根组建了一个动物学家小组，前往厄瓜多尔，试图在野外找到小型犬浣熊。北卡罗来纳自然科学博物馆生物多样性实验室的主任罗兰·凯斯（Roland Kays）陪同赫尔根参观了厄瓜多尔北部安第斯山脉西坡上的奥通加（Otonga）自然保护区。“这些山很陡峭，云雾笼罩，”凯斯说，“你爬得越高，树就越矮，但还是有一些相当大的树。就像热带雨林，但有高耸入云的山脉。”

凯斯说，他在几年前研究生的实地考察中发表了一些小型犬浣熊的早期数据。在这个过程中，他其实已成为犬浣熊方面的世界级专家。此前没有人仔细研究过它们。在 2006 年的 3 个星期里，凯斯和赫尔根在无花果树覆盖的陡坡上对哺乳动物进行了广泛的调查。他们搭建雾网捕捉蝙蝠，在林下的地面上设置捕捉生活在地面的哺乳动物的陷阱。夜晚，他们伸长脖子，从昏暗处窥视，用手电筒照亮薄雾笼罩的植被，以期发现小型犬浣熊。

“那里有各种各样不可思议的物种，”凯斯说，“生物多样性极其丰富。你可以在低地看见高地的景观。基本上，小型犬浣熊是专门生活在山上的物种，因为山上很冷——没有冷到冻僵，也算不上冰冷，但也不是人们认为的热带雨林那样的热带气候，但又非常潮湿。”

潮湿的厄瓜多尔无花果树森林就像一个奇怪的倾斜的世界，所有的东西都从绿色的斜坡上向天生长，就像从一艘沉船的甲板上生长一样。赫尔根几乎一到树林里就看见了小型犬浣熊。他说：“我们第一天晚上就发现了它。”

小型犬浣熊之所以能够在奥通加自然保护区无花果树丛的云雾中隐藏这么久，原因有很多。“它只在晚上出来，”赫尔根说，“它不怎么在栖息的树林中露面，非常害羞。在非专业人士看来，它就像一只犬浣熊或蜜熊——这两种动物生活的地理环境是一样的。”

小型犬浣熊这一生活在云雾林林冠中的生物已经像犬浣熊和蜜熊一样完全适应了自己的生存环境。“它有一条长长的尾巴，是一个爬树健将，”凯斯说，“它的平衡性很好，而且体重很轻，因此可以从一个树枝跳到另一个树枝上。它的眼睛很大，因为在夜晚没有一丝光亮时，它还要做高空走钢丝一样的动作：想象一下——不仅是晚上在森林的地面上漫步，还要从一棵树跳到另一棵树。”

少数情况下，分类学家会发现一种他们称之为“神秘物种”的物种：基因上截然不同，但在形态上与现有物种极为相似，以至于难以区分的物种。随着检测基因细微差异的 DNA 测序技术的出现，发现神秘物种的次数变得更加频繁。2016 年 9 月，德国法兰克福歌德大学的研究人员宣布，长颈鹿——世界上形态最独特的物种之一——实际上是由 4 种不同物种组成的一个广泛的群体。这 4 类长颈鹿互相之间不交配。事实上，这 4 类长颈鹿基因的差异和北极熊（*Ursus maritimus*）与棕熊（*Ursus arctos*）之间的差异一样大。当赫尔根打开菲尔德博物馆的抽屉时，他知道自己发现了一个新物种。在进化过程中，这个物种在大约 350 万年前与其近亲分道扬镳，演化出与众不同的特征。赫尔根的发现登上了世界各地的头条。在命名小型犬浣熊前的 35 年间，美洲地区一直没有新的食肉类哺乳动物被命名。

“多一个物种会出现什么情况？”赫尔根说，“哺乳动物只有6 000种。世界上有很多人，还有组织和群体非常想了解这6 000种哺乳动物中的每一种。每当我命名一类物种，它就会进入人们讨论的范围。大家开始更关心这个物种，想知道关于它的更多信息。它会被列入国家级和省级的濒危物种名录。”

赫尔根和凯斯估计，小型犬浣熊栖息领域的森林大约一半都遭到了砍伐。这些地方或被开发成城市，或空置为荒地，或被改造为农田。“这些生态系统就在那里，”赫尔根说，“而我们对它们知之甚少。它们复杂得不可思议，比任何人造物体都要复杂。要想真正了解这些生态系统的运行规律，我们需要做更多的努力，来避免小型犬浣熊就在我们眼前而我们却熟视无睹的这样令人尴尬的误解。”

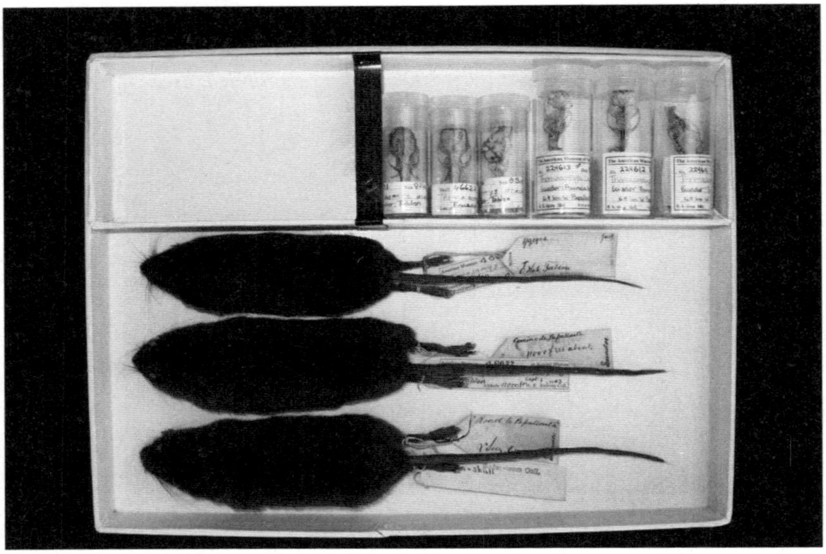

在 83 色码的天空下：乌查岭鼠

（*Thomasomys ucucha*）

其实，乌查岭鼠看起来就像只普通的老鼠。它的毛呈深棕色，到柔软的下腹部变为浅灰色，体形小，也没什么特点。就连 2003 年为它命名和描述的美国自然历史博物馆哺乳动物类的策展人罗伯特·沃斯（Robert Voss）都称它为“其貌不扬，外形像大鼠的蓝绿色老鼠”。

沃斯第一次见到乌查岭鼠是在 1978 年，当时他还是密歇根大学的研究生。沃斯说，当他在厄瓜多尔东北部的东科迪勒拉山高海拔的寒冷空气中发现这个物种时，他马上就知道，它如此突出且独特的牙齿说明它是一个新物种。

在描述物种的时候，像沃斯这样的野外生物学家经常使用色彩目录来精确描述标本的外部颜色，将他们在现实生活中看到的颜色与纸上的色卡进行比较。他们的参考标准是弗兰克·史密斯（Frank Smithe）1975 年出版的《自然主义者色彩指南》（*Naturalist's Color Guide*）。沃斯运用史密斯的指南将这只老鼠描述如下：侧面为偏棕橄榄色（色码 29），腹部为深中灰色（色码 83），表面还有一抹浅中灰色（色码 85）或蓝绿色（色码 80）。它长而突出的门牙的釉质有几道橙色的条纹（色码 17）。

沃斯在厄瓜多尔收集半水栖食虫动物标本，为他的论文研究做准备。他说，那里的环境很艰苦。拂晓时分，从山上流下的山涧两岸都结冰了，草丛上结着白霜。暴风雪毫无预兆地突然席卷而来，山丘变得模糊不清，当地牧民健壮的牲畜因遭受暴风雪袭击而死亡。即使是晴朗明媚的天气，过了正午之后，陡峭的山丘也会气温骤降。

在 2003 年对这种老鼠的正式描述中，沃斯写道："我在这样陡峭且气候不稳定的山坡上找不到什么扎营的地方，湿漉漉的森林使我很难一次设下几天的陷阱线。"环境如此恶劣，难怪人们对这个地区的生物多样性几乎一无所知。简单来说，没人想待在那里。那里既寒冷又潮湿，几乎没办法工作。想象一下：在 45 度的斜坡上工作，还不止一两天。就像沃斯在报告中所写："很多进入厄瓜多尔东部进行标本探索的人，很快就顺坡而下到亚马孙平原更舒适的栖息地去收集标本了。"

但沃斯留在了坡上——世界的高脊，83 色码的天空之下。

在大约 14 000 英尺的地方，他开始寻找一种他称之为"体形较大、龅牙的啮齿动物"：*Thomasomys ucucha*。沃斯在树木矮小的亚高山雨林的林木线附近一处潮湿、长满苔藓、低矮树枝缠绕的名为"精灵森林"的地方安放了商业捕鼠器。他在冰封的河岸上设置了其他陷阱。几天后，他收集了 43 个这种动物的标本，带回美国，并把它们保存了起来。这些标本存放在位于安阿伯市的密歇根大学动物博物馆展出，直到 2003 年才被描述和命名。这物种的正模标本—— 一个 1980 年 4 月 26 日于帕帕亚克塔河谷（the valley of the Rio Papallacta）被捕获的成年雄性标本也在其中。

但是在 1980 年后的几年间沃斯一直忙于别的项目。1985 年，他开始在纽约的美国自然历史博物馆工作。他的主要研究兴趣是有袋类动物的进化。沃斯总共参与了其他 11 种哺乳动物的命名。他说，描述一个新物种不是一个简单的过程。事实上，这个过程会非常缓慢和费力，需要研究者将许多物种与其近亲进行形态上的比较。一个新物种的独特性必须得到确凿的实证。

于是乌查岭鼠的标本一直在密歇根大学的某个抽屉里，可能有些人觉得一个生物从收集到描述要经历25年时间，实在是太长了。但其实并不是这样，25年只是平均时间。乌查岭鼠等待的时间要长得多。

沃斯最终将注意力转向20世纪70年代在厄瓜多尔收集的未命名标本。他从密歇根大学借来这些标本，这是分类学研究中的一种常见做法。与此同时，他在美国自然历史博物馆搜寻了大量庞杂的哺乳动物标本，从中挑选了一些近亲物种，与他从密歇根带回的标本进行比较。他找到了自己需要的物种标本，但他也有意外的收获：他找到了之前的老鼠。有3只这类老鼠的标本：偏棕橄榄色的侧面，灰色的腹部，有几道橙色条纹的牙齿。

这些标本都由业余野外生物学家卢多维奇·索德斯特伦（Ludovic Soderstrom）于1903年在厄瓜多尔收集——沃斯说，或者更有可能，是卢多维奇·索德斯特伦训练的众多厄瓜多尔原住民中的一位为他收集的。索德斯特伦于1927年去世，此前的40多年间，他雇用了一支小型的收集标本的队伍，收集在陡峭的地形间遇到的所有生物。索德斯特伦是一名英国外交官，曾在英国驻基多领事馆工作，在秘鲁东部和西部低地的乡村拥有大片地产。他将标本收集者们为他收集到的大量的鸟类和哺乳动物标本出售和捐赠给世界各地的博物馆。

这批物种种类繁多：1896年，他把厄瓜多尔哺乳动物的标本送到大英博物馆；1900年，把蜂鸟的外皮送到佩思郡自然历史博物馆；把西番莲种子送到美国农业部；把柔软的烟色鼩负鼠（*Caenolestes fuliginosus*）的标本送到美国自然历史博物馆；还在1914年把一只黄领唐纳雀（*Tangara pulcherrima*）标本送到哈佛大学比较动物学博物馆；他将后来命名为*Opuntia soederstromiana*的厄瓜多尔仙人掌活体标本送到卡内基科学研究所，但这些仙人掌在运送途中都死亡了。索德斯特伦还把新热带鹿的标本送到菲尔德博物馆，把种子送到英国皇家植物园，就这样不断地送下去。

当 1911 年美国鸟类学家塞缪尔·罗德斯（Samuel Rhoads）前往基多拜访索德斯特伦时，这位 68 岁的老人正住在他位于基多市中心宽敞的公寓里。罗德斯回忆道，这仿佛是黑暗离奇故事里出现的屋子。从索德斯特伦的房子往外看，可以看到 4 英里[1] 外的皮钦查火山的山脚。他建了两个植物园，里面都是他探险时采集的标本。兰花遍地开放。

“令我惊喜的是，”罗德斯说道，“在这里，蜂鸟进食嬉戏，甚至在树上筑巢；墙上有 10～12 种经常来访的动物；还有四五种动物也在这里安家。屋子里还居住着一只由大英博物馆托马斯教授以索德斯特伦名字命名的，长尾巴且门牙表面有凹槽的漂亮的本地老鼠。这些动物里有一只是他为我收集的，送给我以表敬意。我向你保证这真的是件很棒的礼物。”

1921 年，索德斯特伦向美国自然历史博物馆策展人哈罗德·埃尔默·安东尼（Harold Elmer Anthony）赠送了大量标本：1 500 多件哺乳动物标本和 2 000 件鸟类标本。这些标本中有 3 只其貌不扬的老鼠（两只雄性的和一只雌性的）是在帕帕亚克塔河谷附近的高地捕获的。其他细节已不可考。当时这些老鼠只被确认为南美岭鼠属（*Thomasomys*），是沃斯 2003 年在美国自然历史博物馆哺乳动物藏品中发现的 3 个被遗忘的标本。南美岭鼠属的名称来自描述了 2 000 多种哺乳动物物种和亚种的英国动物学家迈克尔·罗杰斯·奥德菲尔德·托马斯（Michael Rogers Oldfield Thomas），属内包括各种各样的啮齿动物，共有 40 种：眼睛炯炯有神的奥德菲尔德鼠、腹部呈灰色的奥德菲尔德鼠、尾巴坚硬的奥德菲尔德鼠，还有来回漫步、足部雪白的高贵的奥德

[1] 1 英里 =1.609 千米。

菲尔德鼠。后来安东尼自己给几个南美岭鼠属的物种起了名字，但再也没回去看过 1921 年在基多从索德斯特伦那里得到的未确认类别的老鼠。沃斯最后在 2003 年描述这只老鼠时给它命名为乌查岭鼠——当地奇楚亚语（Quichua）中老鼠的意思。截至那时，乌查岭鼠的标本已经在美国自然历史博物馆哺乳动物藏品中等待了近一个世纪。1978 年，当沃斯还在雨中潮湿的安第斯山脉斜坡的精灵森林边上寻找平坦舒适的露营地而无果时，这些标本已经被整齐地放置在抽屉里了。

乌查岭鼠并不是雪豹或考拉那样魅力四射的哺乳动物，也不是能力高强的顶级掠食者。它不处于支配地位，也并不强大，只是普通的老鼠。它的身体呈绿色或棕色，其貌不扬，生活在安第斯山脉北部偏远的、山顶上长满苔藓的亚高山森林的陡斜边缘。它的天敌主要是鹰和黄鼠狼，自己则以蠕虫和昆虫为食。这是不是或多或少地降低了它的重要性？反正在山坡上不是这样。乌查岭鼠悄悄完成着自己的角色，尽管沃斯自己也承认他不知道这角色是什么。

沃斯说：“我们对它所知甚少，只知道它生活的地理范围很小，对它生活的地区也并不清楚。”但无论如何，这都是个独一无二的物种，与沃斯在帕帕亚克塔河谷附近崎岖的东科迪勒拉山侧发现的其他 32 种小型哺乳动物有着深刻的不同之处。

沃斯似乎对自己的发现并不兴奋，他不情愿地说：“在大自然的‘政体’中，每个动物都有着自己的位置。”

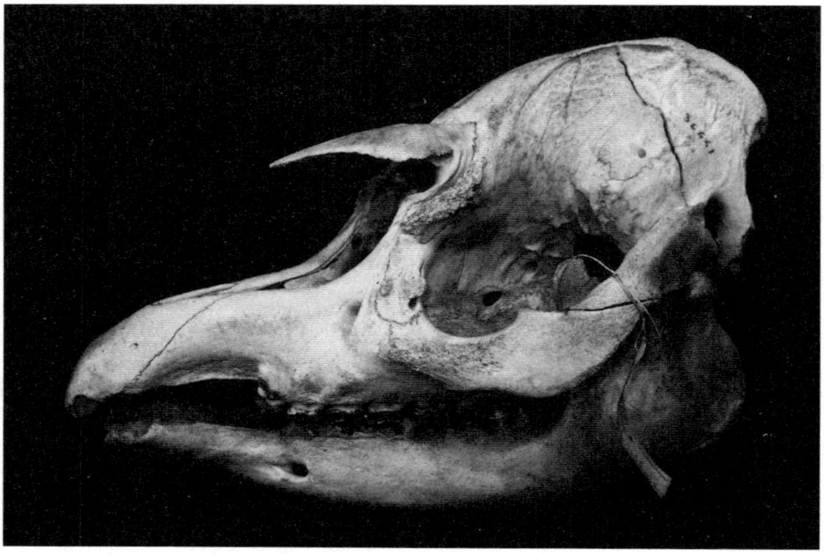

捕貘之行：卡波马尼貘

（*Tapirus kabomani*）

马里奥·科佐尔（Mario Cozzuol）正在巴西西北部隆多尼亚州浓密雨林的一块空地上。他驱赶着脸上的蚊子，蹲下身，沿着被踏遍的小路寻找新鲜的粪便。他慢慢地、悄悄地走过这块空地，树木像墙一样挡住了他的去路。科佐尔擦了擦自己光秃秃的脑袋，在地上寻找刚被折断的树桩，但一无所获。他又在潮湿的空气中摆了摆手，然后继续往前走。科佐尔在寻找一种貘的活体标本，一个自己在 2013 年描述的貘的新物种。

巴西贝洛奥里藏特市的米纳吉拉斯州联邦大学的古生物学家科佐尔说，卡波马尼貘的命名过程始于 10 多年前对貘化石的研究。当时他和一名女学生一起工作，从巴西各地的科学藏品中租借貘的头骨。他需要将现存貘物种的头骨与亚马孙地区出土的貘化石头骨进行比较。借到头骨后，学生把它们排列在柜台上，挨个检查。"有一次，"科佐尔说，"她带着一个头骨来找我，说：'这个标本很奇怪，我不知道是什么。'"

"这个头骨在许多细微的形态特征上与其他头骨不同，"他说，"它不是生活在低地的貘，也不是南美貘（*Tapirus terrestris*）——一种常见、分布广泛的貘。"科佐尔一开始想知道它是否属于山貘的一种。"我们后来知道它是在亚马孙河上隆多尼亚州韦柳港市对面的一个河边村落里捕获的。"

貘是一种健壮的大型食草哺乳动物，其活动范围遍及南美洲，是南美洲最大的陆地哺乳动物。它身材健壮，长得很像猪，鼻子长而灵活。生活在热带雨林中的土著人和居住在河岸上的非美洲印第安人有时会猎杀它为食。科佐尔说，这只有着特殊头骨的动物是被住在隆多尼亚州首府韦柳港—— 一个拥有 50 万居民的城市，坐落在藤蔓围绕的雨林边缘——以北 8 英里处伊加拉佩·贝尔蒙特附近一个村落的河边的居民捕获的。他们杀死貘之后大多把貘切成肉块，然后把肉块拿出来吃或者用盐腌起来晒干。这只貘的尸体在河附近发现，彼时它的脑壳上有一个弹孔，软组织也被剥去。它的头骨现在收藏于巴西隆多尼亚州联邦大学哺乳动物藏品之中。

这只貘是在低地捕获的，所以它不是山貘（*Tapirus pinchaque*）—— 一种不太常见的貘。“它不可能是亚马孙低地的山貘。”科佐尔解释道，“我们继续检查它后发现了不同之处，认为这可能是一个新物种。但我们只有一个头骨标本，这显然是不够的。”

科佐尔开始测量并仔细比较其他貘的形态。他说自己总共检查了 70 多个头骨。最后他将卡波马尼貘（又名小黑貘）描述了出来。

科佐尔说，居住在韦柳港附近的土著居民证实了这种貘的存在。他们知道它的存在，并能在野外快速认出它。对他们来说，它与常见的低地貘有明显的不同：首先，它身材更短更小，有着独特的黑色鬃毛和宽阔的前额。据估计，它的体重约为 250 磅，大小只有低地貘的三分之一。为了找到这个新物种的其他标本，科佐尔决定与土著人合作。2009 年 12 月，科佐尔获得了野外采集标本的许可证，并雇用了当地的一位猎人为他收集标本。猎人指着北边对科佐尔说：“我们必须穿过这条河。如果你愿意，我可以带你去。”

猎人在亚马孙州南部蜿蜒穿过雨林流向东北方的马德拉河以北几英里外

的地方捕获了这个动物。它的标本最终成为卡波马尼貘的正模标本。“我们收集了与新物种相匹配的头骨。”科佐尔说。

但是，科佐尔说，还有一个比正模标本更古老的新物种的头骨标本，由西奥多·罗斯福（Theodore Roosevelt）在亚马孙的一次探险中收集，自 1914 年以来一直是美国自然历史博物馆哺乳动物的藏品。在探险中，罗斯福还收集了这个标本的部分皮肤。1913 年 12 月，这位美国的第 26 任总统前往巴西内陆，寻找困惑河（Rio da Duvida）的源头。困惑河是亚马孙河的一条危险的支流，在地图上难觅其位置。当时罗斯福已经 50 多岁。1909 年，罗斯福的第二个任期结束；1912 年，他第三次总统竞选并落败。在此一年前他遭遇暗杀，虽然暗杀失败，但子弹却射中了他的胸口。医生认为取出子弹难度太大，于是这颗子弹一直留在了他的胸口。1914 年 1 月，在儿子科米特（Kermit Roosevelt）和著名巴西探险家坎迪多·隆登（Cândido Rondon）上校的陪同下，罗斯福踏上了一段危险的旅程：徒步进入未知的亚马孙地区。他们乘坐着独木舟，沿着四周丛林密布的茶色的亚马孙支流行进。随行的还有美国自然历史博物馆的两名博物学家，一名是鸟类学家，另一名是哺乳动物学家。

“1 月 9 日上午，我们开始捕貘。”罗斯福在《穿越巴西野林》（*Through the Brazilian Wilderness*）中写道：“人们乘着独木舟捕貘。貘生活在茂密的树林中，被猎狗跟踪时它们会进入水中。”

探险队离开了玻利维亚边境附近的卡塞雷斯，向北沿着塞波图巴河进发，塞波图巴河两岸是貘的栖息地。清澈的溪水湍急地从高海拔地区流向低处的热带雨林。罗斯福写道：“热带雨林就像一堵墙，高大的树木和藤蔓缠绕在一起，树与树之间长满了低矮茂密的丛林。”

突然，波多坎波北部的河流上出现了动静。猎狗把一只雄性大貘逼进了湍急的水中。“貘快速地沿着水流向下游去，只有它那古怪的脑袋露出水面。划桨人一边大喊一边紧紧地跟着。貘轻微转向时露出的长长的、轻微上翘的鼻子和从头部延伸到上颈部的冠状凸起使它的外貌引人注目，与众不同。”

罗斯福射中了貘的身体，但它溜走了，猎狗随即紧跟。受伤的貘跑进茂密的丛林，向河流上游的方向逃跑，然后突然迅速转身又掉进了水里。“我开枪后，子弹射入了它的大脑，而那时它离河岸只有三四十码[1]远，”罗斯福写道，“它立刻沉了下去。”

这只低地貘的尸体被打捞上来，制成标本送到了美国自然历史博物馆。但这不是罗斯福在亚马孙探险中捕获的唯一一只貘。

“其他人又杀死了两三只貘，”罗斯福继续写道，“有一只是小公牛貘，发育完全，但比我杀死的那头小很多。猎人们说这只比较特别。”它们的头骨、皮肤和其他标本被送往美国自然历史博物馆，经过适当的检测和比较后就能用来具体确定动物的种类。

一个世纪后，科佐尔检查了罗斯福在他的探险记录中提到的小公牛貘的独特的头骨。那个头骨一直保存在美国博物馆，标本编号为“AMNH 36661”。科佐尔说，尽管这具头骨损坏严重，但它与2009年在亚马孙州南部被猎人捕获的那个正模标本具有相同且重要的颅骨特征。

这是只卡波马尼貘。“真有意思，罗斯福在这方面的眼力很好。他是个猎人，在当时也是个很棒的博物学家。他发现了不同之处。”科佐尔说。

罗斯福和他的同伴总共收集了近100个不同物种大约450个雨林哺乳动物标本，包括了亚马孙地区多种多样的哺乳动物：九带犰狳、水豚、美洲虎、棉尾兔和沼泽鹿。此外，还有白喙啄木鸟。1914年3月，美国自然历史博

[1] 1码=0.914 4米。

物馆哺乳动物策展人乔尔·阿萨·艾伦（Joel Asaph Allen）在这些标本抵达美国后对它们进行了评估。最后，检查到貘的标本时，艾伦得出结论：这些头骨都来自普通的低地貘。科佐尔寄给我一张1914年收集的那个头骨的照片。它后面的部分被折断了，像一个奇怪的碗。颅骨上用铅笔写着标本编号36661，字迹虽然已经褪色，但在顶骨缝处仍然能够看见。部分皮肤被折叠成一个长方形，像一块奇形怪状的白色皮质地毯。沿着褶皱的皮肤边缘，貘头部的形状清晰可见——张着的嘴，像树干一样向上伸着的长的鼻子，黑色的鬃毛就像一条低矮的山脊，从它的前额延伸到头和肩膀。对科佐尔来说，这就是卡波马尼貘的特别之处。

现代分类学家和野外生物学家一有机会就从标本中提取组织标本。然后，他们可以在实验室里提取DNA并对其基因组进行测序，科佐尔就是这样做的。比较特定基因的DNA序列有助于研究人员确定不同生物体之间系统发育或进化方面的关系。两个物种可能看起来不同，但对分类学家来说，重要的是了解它们在基因上有怎样的差异，以及它们之间的关系。用分子进行物种鉴定的方法催生了名为“DNA条形码”的技术。研究人员从经过验证的典型标本上提取DNA并将其放大，对线粒体基因的一个片段进行测序，该基因被称为细胞色素C氧化酶1，简称CO1。

科学家们已经在世界范围内开始开展国际生命条形码（International Barcode of Life，IBoL）项目，该首创项目包括来自25个国家的研究人员。项目的长期目标是为地球上每个已知物种生成一个确定种类的基因条形码，并将其存储在一个持续扩大的数据库中。每个条形码都是一个独特的标识符，就像商店里商品上的条形码一样。在不久的将来，研究人员将能够根据条形码对一系列未确定种类的标本进行鉴别，确定该标本属于物种X、物种Y，还是物种 Z，等等。这种分类方法比传统分类法快得多，但也有其局限性。如果某个物种存在一个类型标本，条形码可能会有用，使我们能立即识别其种类。但是，如果从野外采集的标本的 DNA 没有与之匹配的类型标本 DNA 怎么办？它是一个新物种吗？它的基因要有多大的差异才足以成为一个新物种？又是怎样的差异？哪个物种先出现，它和最近的近亲有什么关系？DNA 条形码无法回答这些问题，但这些问题很重要。

描述一个新物种不是一个简单的过程。历史上有大量过度分化的物种，它们被分化成许多实际不存在的物种。后来这些都称不上物种的“物种”就被遗弃了。还有的时候生物分化不足：一个生物体因与另一个物种非常相似而未被命名。例如，在 2014 年，菲尔德博物馆的哺乳动物学家布鲁斯·帕特森（Bruce Patterson）发现，南美洲常见且分布广泛的小黄肩蝙蝠（*Sturnira lilium*）实际上由 7 个物种组成。它们基因不同，但外表非常相似。尽管研究这种蝙蝠的研究人员数量不少，但他们中几乎没有一个人真正见过它。还有一些需要恰当描述特征的新物种。当分类学家给一个物种命名时，其实他们是在对自然世界进行分类，并使之系统化。如果命名有误，这个错误可能会持续几个世纪。

科佐尔相信他对卡波马尼貘的描述是恰当的，但不是每个人都这样认为。即使是现在，在这篇描述文章首次发表几年后，他似乎还没有准备好接受来自同行的批评。持反对意见的有 2003 年描述了乌查岭鼠的罗伯特·沃斯和 2013 年描述了小型犬浣熊的克里斯托弗·赫尔根。沃斯怀疑这些黑色的小貘只是更大、更常见的低地貘的亚成体标本。虽然有些不同之处，但也只是暂时的。赫尔根的批评也很重要，他认为这很难确定，因为没有这种新物种的凭证标本。凭证标本是一种具有代表性的标本，保存在藏品中并作为参考。

任何想要证实或反驳研究者观点的人都可以用它做检验。沃斯说，在这种情况下，虽然有几个假定的凭证标本，但科佐尔从未对他用来确定他所认为的新物种的形态特征的同一动物进行 DNA 测序。

低地貘生活在南美洲从北部的哥伦比亚和委内瑞拉，向南一直到阿根廷北部的低海拔地区。换句话说，它生活的地理范围很广，栖息地也多种多样。沃斯说 ："生活的地理范围广的物种常常表现出地理变异。"

沃斯说，科佐尔在他的"准新物种"标本和取样的低地貘标本之间所看到的遗传变异并不罕见。这种变异通常出现在单个物种的个体之间。重要的是，尽管貘的活动范围很广，但它其实是一种行动缓慢而谨慎的动物，单只貘的活动范围并不大。这种情况最终导致不同种类的出现。从低地貘活动范围的最北部委内瑞拉采集的低地貘可能与从 2 000 多英里外采集的阿根廷貘有很大的不同，因为栖息地完全不同。不过话说回来，可能是这样，也可能不是这样，毕竟对貘的遗传多样性的了解还太少了。这种不确定性困扰着沃斯，他怀疑这种有着独特的、羊毛一般的厚实毛皮的山地貘可能也不是一个特殊的物种，而是低地貘在高海拔地区的变种。

沃斯不是唯一一个这样想的人。貘的类别差异也困扰着科佐尔。他说："在进行基因研究时，我们发现，即使排除卡波马尼貘，我们现在所说的南美貘（*Tapirusterrestris*）也可能不是一个单一的物种，而是一个复杂的物种，或者至少是包含许多不同种群的多样化物种。"

对物种的描述，以及相关的分支复杂的系统树，都是暂时的，都有可能变化。一个物种不过是一种假设。从这个角度来看，科佐尔的假设很简单 ：他在亚马孙收集到的卡波马尼貘头骨和普通低地貘的头骨不一样。这种形态和遗传上的差异虽然很细微，但足以凭此认为这两种动物是不同的物种。他们代表着彼此不杂交的不同血统。科佐尔说，基因数据表明，这种卡波马尼貘是最近（大约 50 万年前）从低地貘分化出来的。

当地人能够毫不费力地将卡波马尼貘与更常见的低地貘区分开。但是，沃斯说，这些土著人和生活在马德拉河和伊加拉佩·贝尔蒙特河边的人一样，有过度区分猎物种类的习惯。更准确地说，他们在野外是按照实用的方式来区分物种的。作为捕猎者，他们区分貘的物种特征是为了预测它们的行动。部落的人不关心研究人员划分物种的方法，也不需要关心。秘鲁的一个部落里的人可以识别出至少 7 种貘，可能都是低地貘。但科佐尔对此并不激动。他说，在过去的几十年里，许多新物种被描述，但支持的证据比他自己提供的还要少。有些时候，科学家仅根据单个标本命名物种。沃斯就这么做过，2012 年，他根据一个代表标本，将一个短尾负鼠新物种命名为"*Monodelphis sanctaerosae*"。2006 年，赫尔根根据费城德雷克塞尔大学自然科学学院 1856 年的一批被忽略的标本藏品中一个破裂的头骨，命名了一种新的萨摩亚蝙蝠。

如果根本没有标本怎么办？ 2005 年，灵长类动物学家特雷弗·琼斯（Trevor Jones）根据在坦桑尼亚龙威山附近拍摄的一张正模照片给高地白眉猴（*Lophocebus kipunji*）取名。没有可以用来评估或测量的凭证标本，没有头骨，没有组织标本，也没有可以提取的 DNA。在《科学》杂志上发表的一篇描述性论文中，琼斯指出高地白眉猴与近亲不同，它发出的声音是一种独特的"喇叭声"，而该属中其他物种发出的是人们熟悉的"哇哇"声。但它真的是一个物种吗？还是只是一个亚种？是地理变种吗？它是否属于一群由于某种原因互相发出"喇叭声"的猴子？这些存在于物种、亚物种和地方变种间的区别是非常重要的，是分类的核心，决定了许多不同学科的科学家——从分类学家、进化生物学家到系统学家、生态学家和自然资源保护者——如何看待这种动物。

一年后，野生动物保护协会的蒂姆·达文波特（Tim Davenport）进一步完善了该物种的分类。他将这种猴子重新命名为奇庞吉猴（*Rungwecebus kipunji*），并为它建立了一个全新的属，这是83年来第一个新的灵长类属。达文波特对已知的唯一一个博物馆标本进行了鉴定——一个雄性亚成年标本，尸体被发现于朗格威山附近一片玉米地里的一个农民的陷阱里，现已收藏于芝加哥菲尔德博物馆。之后的DNA分析证明它与其他物种不同。但照片里这只正模标本还是一只猴子：灰色的毛皮，蹲在长满苔藓的圆木上，长长的尾巴像一个问号弯曲在空中。

这样就足够了吗？

最终，新物种获得了一致认可。没有一个确认新发现物种的中央管理机构，分类学家要么认可“准新物种”并纳入工作内容，要么就不认可。成立于1895年，总部设在英国自然历史博物馆的国际动物命名委员会（International Commission on Zoological Nomenclature，ICZN）设立了一套为新物种的命名过程提供统一标准的系统。分类学家将其简单地称为“命名法则”。但“命名法则”的含义在其主条款、子条款和修正条款的说明中显得死板晦涩又模棱两可，即使像阅读美国宪法一样仔细阅读这些条款都有可能得出截然相反的准确含义。因此，即使有了“命名法则”，分类学家也没能在卡波马尼貘上达成共识。

出生于荷兰，居住于巴西亚马孙州首府马瑙斯的独立灵长类动物学家马克·范·罗斯玛伦（Marc van Roosmalen）声称自己首先发现了貘，使这一问题更加复杂。他在科佐尔给它起名字前几个月就尝试给它起名为“*Tapirus pygmaeus*”。范·罗斯玛伦说他收集貘的数据已经超过10年了。评论家们不认可他的描述，他们像怀疑科佐尔的工作一样怀疑马克·范·罗斯玛伦描述的是一只亚成年低地貘。范·罗斯玛伦的正模标本是一个成年母貘，在阿里普阿南河的库纳雷村被当地人射杀并吃掉。

范·罗斯玛伦当时居住在亚马孙地区，由于与巴西议员的复杂关系，他无法把这具头骨放入收藏之列，只能把它藏了起来。2000 年,《时代》杂志将他列为“地球英雄”之一。然而，2002 年他被巴西当局以生物恐怖主义的罪名起诉，称他违反了巴西对热带雨林科学资料收集的限制性规定。虽然上述指控最终被撤销，但后来他又被告到巴西联邦法院，这次的罪名是挪用公款。2007 年，他在马瑙斯一个偏远的监狱里待了两个月等待判决，而后在上诉中被释放。范·罗斯玛伦称有人已经派刺客前往雨林刺杀他。虽然一直在和各种罪名做斗争，但范·罗斯玛伦仍命名了几个新物种，有些新物种已经被认可，有些还存在争议。

2012 年，ICZN 的“命名法则”进行了修订，纳入了优先原则。在这个原则下，新物种获得的第一个名字即为它的有效名称。范·罗斯玛伦认为这给了他命名貘的权利。当时，像赫尔根和沃斯这样的哺乳动物学家甚至不相信卡波马尼貘的存在。2014 年，范·罗斯玛伦向 ICZN 提交了一份正式申诉，确认在优先原则下，*Tapirus pygmaeus* 这个名字是有效的。该案件编号为 3650 号，预计 ICZN 将很快对此做出裁决。

与此同时，科佐尔的工作还在继续。他像热带地区的亚哈船长[1]一样眯着眼睛观察浓密的丛林内部。科佐尔说，不久后他将开始一系列野外考察的第一步，考察巴西广袤的内陆地区，几周后又将前往隆多尼亚州的罗斯福河——这条河在罗斯福绘制了困惑河地图后不久就以罗斯福的名字重新命名，

[1]　小说《白鲸记》主角。

以示巴西人民对他的尊重，这也是巴西唯一一条以北美人名字命名的河流。科佐尔将调查这条河的急转弯处，寻找野生貘的蛛丝马迹。之后，他计划前往巴西北部亚马孙地区的帕拉州，在那里寻找更多貘头骨的科学藏品。

回到热带雨林，科佐尔拍打着另一只蚊子，看着上面像一只正在合拢的绿网一样缠绕在一起的树冠。这和罗斯福 1914 年看到的那个交错的树冠是一样的，范·罗斯玛伦也是在这里寻找新物种。清晨的丛林一片寂静，空地上被踏遍的小径纵横交错，有些地方已经被踩踏得像是铺了水泥一般坚硬。科佐尔说，貘就像牛一样，每天都走同样的路线。如果他能在雨林的地面上找到它们的踪迹，那就能找到貘。

他啜了一口水瓶里的水，拨开葡萄藤，走进黑暗中，倾听着卡波马尼貘在树丛间无形移动的声音。

分类的困惑：萨基猴

（*Pithecia genus*）

那是在 2001 年，劳拉 · 马什（Laura Marsh）正伸长脖子，凝视着厄瓜多尔雨林薄雾弥漫的苍翠林冠。高空当中，模糊的黑影在树枝间穿梭。这些快速移动的黑影有着长长的、浓密的尾巴，它们就是萨基猴。几个月来，马什一直在占地 1 500 英亩[1]，位于厄瓜多尔东部的亚马孙原始低地雨林的蒂普蒂尼生物多样性站组织一项生物多样性调查，这是生物多样性方面的一个热点。“我去做了两三年的调查，”马什说，“我一直在偶遇萨基猴，之前从未在野外见过它们。”

在马什上方的雨林中层里，这些黑影在雾中移动，几乎完全被树叶遮住。萨基猴是一种敏捷的、全身覆盖着长毛的新热带灵长类动物。成年萨基猴体重约为 4 磅，大概和一只半大的家猫一样重。它们一生都生活在树枝上。马什说：“它们体形较小，经常在树梢上奔跑、跳跃、鸣叫。”当时，有 5 种已被确认的萨基猴，其中 3 种是多类别的——有亚种，有的甚至有多个亚种。在蒂普蒂尼度过几个月后，马什开始认真地研究这些猴子。“我做了任何一个优秀的观鸟者会做的事——去查阅资料，阅读关于它们的所有介绍。”但是文

[1] 1 英亩 =4 046.86 平方米。

献中并没有记载它们。它们还未被描述。“啊，该死！”马什说，“如果这是一个新物种我就无能为力了，我可不是分类学家。”

于是一个长达 10 年的项目开始了：调整僧面猴属。2014 年，马什在《新热带灵长类动物》（*Neotropical Primates*）杂志上发表了《对德斯马拉特僧面猴属 1804 萨基猴分类的调整》（*A Taxonomic Revision of the Saki Monkeys Pithecia Desmarest* 1804）。为了这项研究，马什前往 17 个国家的 28 个城市的 36 家博物馆，将博物馆里自然历史藏品中的猴子标本作为最重要的研究材料。她总共检查了 876 只萨基猴的皮肤标本和 690 个干净的头骨标本。“我几乎看了所有可以看到的萨基猴标本。”她说。

博物馆收藏的很多旧萨基猴标本与现存的萨基猴标本截然不同。马什研究的许多标本几乎有 200 多年的历史，这些标本随着时间的推移而变得脆弱易损。有些标本被压扁变形了，看起来像是死于车祸；另一些标本则奇怪地泄了气，就像变瘪的气球，空眼窝里的棉花球清晰可见。有的时候，保存下来的标本被处理和安放好，摆成不自然的姿势，它们不会眨的玻璃眼睛凝视着天空。一个拿着一只假梨，其他的则僵硬不动。但对研究人员来说，即使是破损的标本也是一个信息宝库。

马什说：“我和一些科学家一样，觉得就算给我再多的钱我也不可能待在满是灰尘的博物馆里看这些东西。”但她很快就发现了博物馆藏品未被发现的用处。有了这些标本，她就可以回答靠野外研究无法回答的问题。“我最终前往全世界找寻标本，”马什说，“有很多地方的藏品——波士顿、洛杉矶——可能收藏了 2 张、5 张、10 张皮肤标本，但我会去皮肤标本收藏量是这些地方两三倍的博物馆，还会去有典型标本的博物馆。”

位于纽约的美国自然历史博物馆有 183 个萨基皮肤标本；巴西圣保罗动物博物馆有 111 个头骨标本；巴黎国家历史博物馆的藏品收藏着早在 1808 年

收集的标本。在里约热内卢，马什测量了西奥多·罗斯福收集的萨基猴标本。为了收集更多的数据，她研究了早期博物学家在探险时绘制的插图。条件允许时，她还在野外饲养猴子。马什去参观动物园，甚至使用了游客在亚马孙雨林拍摄的模糊的萨基猴照片。

1785 年，法国博物学家乔治·路易斯·勒勒克·布丰（Georges Louis Leclerc Buffon）在《自然史：从一般到特殊》（*Natural History, General and Particular*）一书中对萨基猴进行了早期描述："萨基猴是 sagoin 中最大的，因为尾巴上装饰着非常长的毛发，所以通常被称为狐尾猴。""sagoin"在当时是一个被广泛用于描述南美洲没有卷尾的猴子的术语。布丰描述的是白脸萨基猴，它分布在法属圭亚那、苏里南和巴西北部部分地区。当时还没有僧面猴属这个名字。在 20 年前，林奈给白脸萨基猴起了第一个拉丁学名：*binomial Simia pithecia*。布丰写道："它发育完全后大约有 17 英寸长，但是其他 5 类动物中最大的不过 9～10 英寸。"

换句话说，布丰很早就知道它有许多类别。马什说，僧面猴属由德斯马拉特于 1804 年建立，用以囊括其中包含的动物。她检测的最早标本大约就是在这个时候收集的。

"我拥有的最早的标本来自巴黎的藏品。"马什说。它收集于 1808 年。"这是白面僧面猴的标本。这个看起来很破烂的幼崽标本看上去就像一只松鼠。它的外形太奇怪了。坦白说，我留着它是出于历史原因。如果我是一个合格的分类学家，在还有其他标本的情况下我真的会把它扔掉，然后说'当它不存在吧'，因为看起来实在太吓人了。"这个标本由法国博物学家艾蒂安·杰弗里·圣提雷尔（Étienne Geoffroy Saint- Hilaire）收集。更令人困惑的是，在 1813 年的原始描述中，其模式产地只被简单记录为"产于……巴西？"马什说：“在接下来的200年里，没有人能说出这个标本到底是什么，因为它实在太糟糕了。”

如今萨基猴有16种，马什总共命名了5种，将3个亚种提升到物种的地位，并恢复了其他3个长期被分类学家忽视的变种的地位。她用了数年时间和数百个在巴西、瑞典、柏林等地的标本，才解开了几个世纪以来分类学上的错误和混乱。这些错误在第一个欧洲博物学家走进雨林收集萨基猴时就开始成倍地增加。

这些新物种在许多重要方面存在差异，有些差异比较明显：黑面僧面猴（*black face of P. rylandsi*）的脸是黑色的，从仿佛不受重力影响的白色蓬毛中露出来。白面僧面猴（*white bouffant. P. pithecia*）几乎和黑面僧面猴完全相反，全身都是黑的，只有两颊是白色的，每边脸上有一个明显的半月形。*P. inusta* 的正模是约翰·巴普蒂斯特·斯皮克斯（Johann Baptist Spix）在1823年为他在1817年到巴西探险时收集的标本所作的一幅插图，标本本身已经遗失。马什只根据3件标本描述 *P. cazuzai*，其中1件标本收集于1927年。在大多数情况下，每一个新物种都占据着一块特定的界线明确的栖息地，这些栖息地在某些地方会相互重叠，但大部分被分割亚马孙盆地的大分水岭分开，就像一块块拼图。数百万年来，这些物种一直生活在它们封闭的栖息地中，彼此慢慢产生了差异。一些物种的活动范围跨越边界，另一些则局限在偏远丛林的小角落里，四周被穿树而过的河流环绕。到目前为止，人们只在亚马孙中部一个50英里宽、四面环水的区域内发现过 *P. pissinattii*。早在1852年，英国博物学家阿尔弗雷德·拉塞尔·华莱士（Alfred Russel Wallace）就注意到这种力量在起作用。在《亚马孙的猴子》（*On the Monkeys of the Amazon*）中，他提出了一个现在仍受支持的理论：河流产生的障碍隔离足以使猴子们分化出

阿尔弗雷德·拉塞尔·华莱士

新物种。“构成僧面猴属的懒猴就属来说生活范围广泛，但单个物种的生活范围似乎各自在一个有限的空间内。”

它们的分布是由河流决定的。“我在亚马孙地区的研究期间，”华莱士写道，“利用一切机会确定了物种的生活界限。不久后我发现，亚马孙河、内格罗河和马德拉河构成了某些物种从未跨越过的边界。当地的猎人非常明白这一点，当他们想要找到一些特别的动物时，总是要跨过河去——这些动物在河的一侧能找到，但在河的另一侧却找不到。”

这个观点现在已被广泛接受，但在当时没有其他人提出过，是个革命性的观点。

马什开始这个项目时，僧面猴属还很混乱。灵长类动物学家早就知道这件事了。她说：“他们都知道萨基类很混乱。”某种程度上来说，这是因为它们的形态，也是因为人类的错误。马什说：“萨基猴的变种极其多。”很多情况下，幼崽的外貌差异太大，以至于大多时候它们看起来和同一种类的成年萨基猴完全不一样。一个标本收集者可能在圭亚那、厄瓜多尔或巴西北部的树上射杀收集了一只幼年萨基猴，然后因为它与众不同的外表就认为这是一个罕见的物种。这些标本慢慢地从南美洲带到并收藏在世界各地，错误的种子由此生根发芽。几个世纪以来，灵长类动物学家一直在研究它们。这些经过错误鉴定和命名的标本构成了萨基猴分类的基础，但这些标本毫无意义。生物生存地点记载也经常是错误的，圣提雷尔 1813 年收集到的白面僧面猴（一个外形不健壮的幼崽）的生存地点标记为“产于……巴西”。在一次亚马孙探险之后，华莱士已经开始认识到这些不精确的地点描述对绘制不同类萨基猴分布地点造成的影响。在《亚马孙的猴子》中他写道：“在自然历史的各种著作和博物馆中，我们对地域的描述一般都很模糊……美国、巴西、圭亚那和秘鲁是最常见的地点；如果标本的地点标注是‘亚马孙河’或‘基多’，我们会觉得自己很幸运，因为我们得到了确切的信息，虽然这两个地方位于两个截然不同的生态地区边界，我们也不知道是否一个位于亚马孙河的南岸或北岸，另一个位于安第斯山脉的东坡或西坡。”

收集者们在野外处理这些被错误识别的标本，在毛皮上撒上盐，把毛皮卷成一个个球，然后塞进背包里。最后，他们把这些毛皮送回位于纽约等地的美国自然历史博物馆。“有很多僧面猴属皮肤看起来就和狐狸的一样。”马什说。

伊基托斯是秘鲁北部一个有 40 万人口的庞大的港口城市，它的建筑和宽阔的道路紧依着亚马孙河的一个缓弯而建。东边的街道在水源处到达尽头；西边和南边的道路逐渐变窄，最后延伸到像一股即将吞没这座城市的绿色浪潮一般的雨林的边缘。马什前往伊基托斯动物博物馆（Museo de Zoologia collection）检查萨基猴的标本。该博物馆是亚马孙河流域佩鲁那国立大学的一部分，馆内的藏品已因为各种原因受到破坏。

“博物馆是露天的。”马什说，“他们有一袋又一袋、一袋又一袋的头骨。他们无法完好地保存兽皮，因为博物馆就在亚马孙河的正中间，潮湿把它们都毁掉了。”

马什不得不把每个袋子都打开，从各种各样的头骨中找出萨基猴的头骨。“这里的藏品还有待归类。”马什在伊基托斯动物博物馆藏品中发现的问题在发展中国家很常见，但也不仅限于发展中国家。慕尼黑巴伐利亚州动物标本收集研究所的藏品保存也受到了威胁。

“他们主要的藏品——这数百年来惊人的数量——就是成堆堆在地上的毛皮。”马什说，“他们没有钱，也没有工作人员来处理这些标本。”策展人理查德·克拉夫特（Richard Kraft）指着地上的一堆毛皮，告诉马什它们是标本，然后转过身，指着地上另一堆堆成小金字塔一样的毛皮说："如果你想要剩下的标本，就在那堆皮里翻吧。"人类的努力就这样沦落为一堆互相叠放在地板上保存的兽皮。"我身高 1.67 米，"马什说，"这堆标本比我要高 15～20 厘米。"

在研究过程中，马什试图找到调整的种属中每一种萨基猴的现存代表标本。她忽视了一种动物：凡索理尼白面僧面猴（*Pithecia vanzolinii—Vanzolini' s bald- faced saki*）。它和其他萨基猴长得一点都不一样，以前是亚种，但马什把它提升到了物种的地位。它的正模标本于 1936 年收集，现在和几件同时期收集的副模标本一起保存于圣保罗动物博物馆。"我看过它的每一件标本。"马什说，"它们非常特别，非常不同。但自 20 世纪 30 年代以来就没人再见过活的凡索理尼白面僧面猴。"

这些标本都来自位于秘鲁边境附近的巴西热带雨林的一个偏远地区。计划到野外去寻找这种猴子的马什说，这是个危险的地方。2014 年，巴西政府土著事务局（FUNAI）报告称，亚马孙雨林中估计还有 77 个与世隔绝的部落。凡索理尼白面僧面猴副模标本收集的阿克里州茹鲁阿河地区就有几个这样的部落。伐木工和采矿作业、现代化的发展、破坏性的农业生产、新定居点的突然出现、电力和现代武器的到来，以及暴力贩毒集团的非法活动，使这些村落感受到来自四面八方的压力。

马什说："这 100 多年来没有一项关于那条分水岭附近的哺乳动物的调查。最近的一些探险是为了研究植物、爬行动物、鸟类等，但那也已经过去 50 年了。人们对那里的哺乳动物还知之甚少。"

就在 2014 年，英国广播公司的一名工作人员从空中拍摄了这些与世隔绝的土著部落，也是外界进入这片土地的新足迹。拍摄的视频中，几个人站在森林里一片人迹罕至的红土空地上一间又长又矮的茅草屋旁，一缕细长的蓝色烟雾在种植间隔合理的香蕉树中升起。这些用红木树将身体涂成血红色的印第安人举起弓，瞄准了倾斜飞过树木的飞机。如果有人在 1936 年最后一次收集到凡索理尼白面僧面猴之后还见过它，那一定是这些与世隔绝的人。

马什说：“我只希望我们不会碰到这些家伙。”她计划和探险团队住在一艘游艇上，然后派小船和无人机进入丛林，在树顶寻找猴子。她说：“尽管这一切听起来像做梦一样缥缈，但我真的不想被乱箭射中，也不想船被人夺走。这些人与世隔绝是有原因的。”

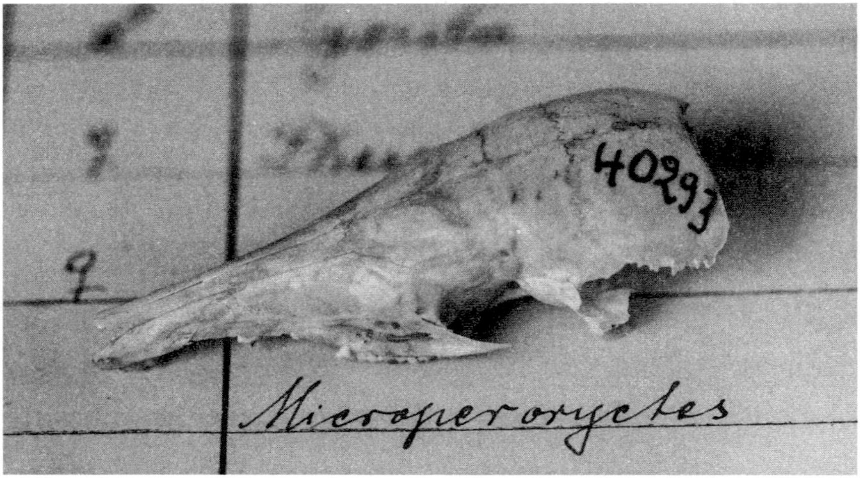
40293
Microperoryctes

散布世界各地：西巴布亚鼠袋狸

（*Microperoryctes aplini*）

“这是世界上最小的袋狸。”克里斯托弗·赫尔根在阿德莱德大学环境中心任职时说。他指的是一种新发现的侏儒袋狸，一种来自新几内亚的小型、脚步轻快、鼻子长且呈锥形的有袋类动物，他在2004年命名了这种动物。“你不能拿袋狸和任何其他哺乳动物比较。”他说，“它们只生活在澳大利亚和新几内亚；有人说它们就是澳大利亚版的兔子。”

事实上，它看起来就像苏斯博士（Dr. Seuss）[1] 把老鼠、鼩鼱和兔子混合在一起而造出的动物。它有着细长的尾巴，背部中间有一条醒目的带状条纹。但已经几十年没有人发现活着的西巴布亚鼠袋狸了——至少没有野外生物学家报告过。目前存在4个已知标本，它们都来自同一个小而界线清晰的地区：鸟头半岛的一个山区，位于新几内亚的印度尼西亚境内、被两座陡峭的绿色山丘环绕的山地湖海岸线附近。在很长一段时间里，西巴布亚鼠袋狸被误认为是在新几内亚发现的另一种小袋狸。但是赫尔根说，它与其他所有种类的袋狸都是截然不同的。“它们小巧玲珑，漂亮动人，是一种小巧、美丽、有魅

[1] 苏斯博士（Dr. Seuss），出生于1904年3月2日，20世纪最卓越的儿童文学家、教育学家，一生创作的48种精彩教育绘本成为西方家喻户晓的著名早期教育作品，全球销量2.5亿册。曾获美国图画书最高荣誉凯迪克大奖和普利策特殊贡献奖，两次获奥斯卡金像奖和艾美奖。她的部分作品是美国教育部指定的儿童重要阅读辅导读物。

力的动物。”赫尔根如是说。

新几内亚是澳大利亚北部美拉尼西亚群岛的一个大岛，比得克萨斯州略大。它拥有世界上第三大雨林区，仅次于亚马孙和刚果。森林里有许多土著部落，这里的人们使用上千种语言。有人说这个岛的形状像一只栖息在海洋中，穿过印度尼西亚向西眺望着马来西亚的极乐鸟，鸟头半岛位于新几内亚岛的西端，印度尼西亚占了该岛的一半，而鸟尾半岛则位于东边的巴布亚新几内亚独立国内。

新几内亚是公认的生物多样性热点地区，拥有许多独有的物种，只在那里被发现过。世界野生动物基金会 2011 年发表的一份报告显示，1998—2008 年间，在新几内亚发现了 1 000 多种新物种。2009 年，包括赫尔根在内的一个国际动物学家团队对巴布亚新几内亚的一座休眠火山博萨维山进行了研究。这个 2.5 英里宽，超过 0.5 英里深，几乎无法进入的火山口是大量生物的栖息地。这些生物中有 40 多种对科学界而言是第一次听说：有毒牙的青蛙、以花蜜为食的蝙蝠、迷彩蜘蛛、彩虹色的甲虫和一种仍然没有名字、体重超过 3 磅的长毛老鼠。

鸟头半岛的东北部是阿尔法克山脉，被海拔 2 955 米的阿尔法克山的绿色山峰所覆盖。英国自然学家阿尔弗雷德·拉塞尔·华莱士 1858 年访问新几内亚时这样描述阿尔法克山脉：“锯齿状的山脉连绵不断，棱角分明；在它们的后方，一座座山脊一直延伸到遥远的内陆。整个国家内遍布着一连片看上去有点矮小的树林，中间只分布着非常分散的、由土著人在低坡上开垦的空地。”

从谷歌地球上看，鸟头半岛是一片广阔而翠绿的地方，一团团白云飘浮在上空，就像一个个泡状话框。在西南方，一片平坦的海岸平原上点缀着沿着海岸线蜿蜒向南的河流三角洲。蓝色的河流弯曲前行，越往北越狭窄，就像书法作品一样精美，潮湿的临河平原被上百条分叉的不规则蛇形水道分割开来。

但在东北方向，起伏的山脉突然紧靠着海岸线矗立起来。这是一片山地森林，在群山阴暗的褶皱间呈现深绿色。在一片平坦的沼泽地上坐落着双峰湖，比老鼠大不了多少的西巴布亚鼠袋狸生活在湖泊附近的山地森林里。

1928 年，著名生物学家恩斯特·迈尔（Ernst Mayr）当时在新几内亚，在他的向导带领下穿过阿尔法克山脉，跟他们一起的还有一小队挑着重担的挑夫。后来，迈尔继续重定义进化论，写了许多关于进化论的有影响力的书。那时他才 23 岁，进行他第一次探险。

在探险队拍摄的一张照片中，迈尔看起来像一个小学生，半坐在一棵枯瘦的倒下的树上，前面是一排茂密的蕨类植物。他穿着探险装备和绑腿，戴着一顶软边帽。

迈尔最初在新几内亚采集鸟类标本，是被莱昂内尔·沃尔特·罗斯柴尔德（Lionel Walter Rothschild）——罗斯柴尔德勋爵，罗斯柴尔德的第二任男爵——派遣到岛上的。罗斯柴尔德身材魁梧，留着认真打蜡过的八字胡和浓密的胡须，是英国贵族中一个古怪的成员，也是罗斯柴尔德家族银行财产的继承人。1889 年，21 岁的罗斯柴尔德去了伦敦，在一家家族所有的国际银行公司工作。但他并不怎么喜欢这份工作；相反，他对博物学很痴迷。有一件比较有名的事是，为了证明斑马可以像马一样训练，罗斯柴尔德乘坐斑马拉的马车前往白金汉宫。他一生中收集了大量的科学藏品，这是历史上最大的私人藏品：30 多万张鸟皮、20 万个鸟蛋、225 万只蝴蝶、3 万只甲虫，以及许多哺乳动物、爬行动物、两栖动物和鱼类。

到 1892 年，他把这些藏品保存在自己的博物馆里。这个博物馆对公众开放，后来成为英国赫特福德郡特林的自然历史博物馆。罗斯柴尔德最后退出了银行业，并把余生都奉献给了自然历史藏品的维护。为了扩大自己的藏品，他聘请了一些当时顶尖的生物学家，包括昆虫学家卡尔·乔丹（Karl Jordan）和鸟类学家恩斯特·哈特（Ernst Hartert）。由于债务缠身，罗斯柴尔德把自己的大部分藏品都卖给了美国自然历史博物馆。1937 年，当他去世时，未卖出的部分成为当时大英博物馆自然历史藏品的一部分。

大约在迈尔被派往新几内亚时以及在那之前的几十年里，美国和欧洲城市的时尚女性都戴着装饰有精致、鲜艳羽毛的帽子。这些羽毛来自外表装饰华丽的鸟类，比如在 19 世纪末几乎被猎杀殆尽的白鹭。一些极乐鸟的羽毛也被用于装饰帽子。不可避免地，勇敢的猎羽猎人的目光转向了新几内亚，这是一个相对未经探索的岛屿，拥有世界上最多样的极乐鸟。为了满足全球时尚市场的需求，数以百万计的人从野外采集极乐鸟的羽毛并送往纽约、伦敦和巴黎。羽毛中偶尔会出现明显而未知的变异，是未知物种羽毛的新奇类型。作为一位热忱的鸟类学家，罗斯柴尔德被这些不熟悉的羽毛迷住了。他安排直接从经销商那里购买未知种类的羽毛，然后在欧洲把它们进行分类保管。

在 1928 年，罗斯柴尔德给了迈尔一个新指示：找到源头。去新几内亚阿尔法克山的山坡上收集未知的极乐鸟；在旺达门山脉和独眼巨人山脉长满苔藓的森林中搜寻未知的物种。迈尔并不是第一个去寻找它们的科学家。1824 年，法国博物学家勒内·雷内（René Lesson）前往新几内亚，首次记录了野生极乐鸟。他说当在树上看到一只野生极乐鸟时，他太过惊讶，以至于根本不敢开枪：“它就像一颗流星，掠过空中，留下一道长长的光痕。”

事实上，在维多利亚时代，一次又一次的鸟类探险在新几内亚上演。生物学家阿尔弗雷德·拉塞尔·华莱士1858年到访时也在寻找它们。华莱士写了大量关于极乐鸟的资料。在马鲁库群岛的哈马黑拉岛，他描述了一种中等大小的鸟，其胸部有一块翠绿色的盾形物，两对长长的白色羽毛从肩膀上垂下来。后来，大英博物馆的乔治·罗伯特·格雷（George Robert Gray）为了纪念华莱士，将它命名为“Wallace’s standardwing”[幡羽极乐鸟（*Semioptera wallaci*）]。但在新几内亚，他搜寻新极乐鸟的目标失败了。华莱士总共5次航行到岛上不同的地方，只看到了13种已知生活在那里的极乐鸟中的5种，没有发现新物种。

极乐鸟

他写道："大自然似乎采取了一切预防措施，防止这些最珍贵的宝贝因为太容易得到而失去价值。首先，我们发现了一个开阔而没有港口的海岸，备受太平洋汹涌波涛的冲刷；其次，这个国家崎岖多山，被茂密的森林所覆盖，沼泽、悬崖和锯齿状的山脊使得通往中部地区几乎是件不可能的事；最后，这里的种族最为野蛮残酷，处于文明的最初始的阶段。"

接下来是德国博物学家赫尔曼·冯·罗森博格（Hermann von Rosenberg），他于1869年来到这里，收集了大量鸟类。之后是另一位来自德累斯顿的德国人阿道夫·迈耶（Adolf Meyer）。1872年9月，意大利探险家、博物学家路易吉·德·阿尔伯蒂斯（Luigi D' Albertis）来到这里。阿尔伯蒂斯的胡子很夸张，浓密的胡须长到了胸口，像一支奇怪的黑色干草叉。他在后来的一次探险中成为第一个绘制弗莱河的人。弗莱河位于东南700英里处新几内亚和巴布亚新几内亚的边界。在一艘名为"涅瓦号"的澳大利亚汽艇上，他逆流行进了近600英里，不停地从船的一侧发射火箭，以抵御充满敌意和侵略性的当地食人族的攻击。1874年，阿尔伯蒂斯在一群圣诞岛上的原住民面前，高举一个装满正在燃烧的甲基化酒精的贝壳，威胁说要放火点燃海洋。

这位意大利人在日志中进行了详细的记录：

> 1872年9月20日：我还有一些米饭，但只够吃两天，而盐已经没有了。从18号开始我把每天的饭量减了一半，但有山药和捕来的鸟和动物，我吃得还算不错。我之前打猎得到珍稀的鸟类和其他动物，所以我经常能吃到新鲜美味的烤极乐鸟，我得以有机会品尝到新奇而美味的晚餐。它们美丽而闪亮的皮毛则成为我的藏品。水很好喝，不需要白兰地来调和口感，但盐确实不够了。

事实上，在新几内亚人迹难至的热带森林中度过的艰难岁月里，他获得了许多标本。

阿尔伯蒂斯又写道：

> 我收集的昆虫标本中有一些是新物种，我还发现了一些很好的花金龟和鳃角金龟标本。哺乳动物比较罕见，因为在新几内亚已知的每个地方总共只发现了3类斑袋貂、袋狸、巴布亚野猪、两三种袋熊或树袋鼠、一种以水果为食的蝙蝠、一种长得像条纹袋貂（*Dactylopsila trivergata*）的动物、一种松鼠、两三类老鼠，而新几内亚还没有被描述过的蝙蝠。我可能收藏了六七类物种。

西巴布亚鼠袋狸不知怎么避开了所有人的视线。

1928年，迈尔动身前往新几内亚时，前往一个几乎不为人知的地方探险仍然是一项极其危险的任务。罗斯柴尔德聘请的很多收藏家死于非命：威廉·多尔蒂（William Doherty）1901年在内罗毕死于痢疾；乔治·奥克肯登（George Ockenden）1906年在秘鲁安第斯群岛死于伤寒；鸟类收藏家诺埃尔·范·萨默伦（Noël van Someren）在1921年被一头水牛撞死。有3名收藏家在加拉帕戈斯群岛死于黄热病。在印度锡尔杰尔，E. C. 斯图尔特·贝克（E. C. Stuart Baker）在豹子的袭击中幸存，但失去了左胳膊。1901年，当英国鳞翅类学者安特卫普·普拉特（Antwerp Pratt）（安特卫普有一个叫维也纳的姐妹）在阿尔法克山脉收集蝴蝶时，由于当地人侵略性太强，他不得不转而去东部的巴布亚新几内亚收集标本。

迈尔设法避免与总是互相打仗的当地人发生冲突，由此得以健康地活了下来。1997年，93岁的他接受采访时说："我在内陆地区去到了一些白人从未去过的村庄，那里真的是一片原生态。花朵丰富而令人惊叹，那里的鸟类也让人感到不可思议。"

1928年4月至10月，他总共在新几内亚收集了代表350多种鸟类的种和亚种的 2 700 多张鸟皮。但同时也收集了其他目的标本。在阿尔法克山脉和其他地方，迈尔收集了 260 多个哺乳动物标本，其中有一只棕色的、背上有一条长长的黑色条纹的小袋狸。赫尔根以在袋狸分类问题上花费几十年时间的澳大利亚动物学家根 · 阿普林（Ken Aplin）的名字给这个新物种命名为 *Microperoryctes aplini*。

标本中总共只有 4 个是已知的，其中最古老的标本是迈尔在 1928 年收集的，现存于德国柏林自然博物馆。它的头骨很脆弱，有些地方都成了碎片。迈尔一回到欧洲，他在新几内亚收集到的大量鸟类的分类目录就出版了，但是没有人太在意他带回的哺乳动物。被赫尔根认定的西巴布亚鼠袋狸正模标本是于 1963 年收集的。它精致细长，像鸟一样，头骨和保存完好的皮肤收藏于檀香山毕夏普博物馆哺乳动物藏品中。此外，赫尔根还发现了另外两个标本：一个在爪哇的茂物博物馆，印度尼西亚的芝庇侬；另一个在巴布亚新几内亚的国家博物馆。

这是为什么迟迟没有对西巴布亚鼠袋狸做出描述的原因。长期以来，分类学家们一直怀疑这些标本代表了一个新物种。其中一个物种的照片甚至被收录在澳大利亚著名哺乳动物学家蒂姆 · 弗兰纳里（Tim Flannery）1995 年出版的野外指南——《新几内亚的哺乳动物》（*Mammals of New Guinea*）中。这张照片错误地贴上了鼠袋狸（*Microperoryctes murina*）的标签，照片中是一块核桃色的毛皮，毛皮的中心有一条颜色更深的带状条纹。该标本明显不同于已知的袋狸物种。为了进行描述，必须仔细检查这些标本。

“这些标本几乎分散在世界的不同角落，甚至没有哪两个标本在同一块大陆上。”赫尔根说，“那些曾经疑惑过这是不是一种新袋狸的人可能只看到了其中一只。如果你去旅行，在短时间内看到所有这些标本，你就会意识到，这 4 个标本具有一系列非常独特的头骨特征。它的外表有独特的色彩和图案。

那时你就会明白，这是一种从未有过学名的袋狸。”

包括西巴布亚鼠袋狸在内，袋狸属包括 5 种隶属于有袋杂食类动物的袋狸目的物种。在新几内亚，它们与几种树袋鼠和针鼹、一群苔鼠，以及其他几种类似老鼠的有袋类小动物——窄条纹有袋类鼩鼱（*Phascolosorex dorsalis*）、三条纹袋鼬（*Myoictis melas*）等生活在同一片栖息地。自 1928 年被收集以来，迈尔的袋狸标本一直被误认为是另一种袋狸，即鼠袋狸。和西巴布亚鼠袋狸一样小的鼠袋狸有明显的不同，有着赫尔根所说的“素朴的、像鼩鼱和鼹鼠一样柔软而毛茸茸的烟灰色皮毛”。

鼠袋狸生活在西部更远的维兰德牧场的苔藓林中，这是一个与阿尔法克山截然不同的山丘。它的发现地只有这里，在一块很小的范围内，收集到的标本也只有 3 个。最近，赫尔根把注意力转向了美国自然历史博物馆收藏的来自新几内亚中央山脉雪山的另一组袋狸标本。它们来自新几内亚中央山脉的雪山，一座延绵的锯齿状山峰。1938 年的一次探险中收集到的这些袋狸，很可能代表了另一种至今未被发现的无名物种。

赫尔根认为，西巴布亚鼠袋狸仍然在新几内亚西北部的山区繁衍生息。2012 年的一项系统发育研究显示，西巴布亚鼠袋狸可能已经在新几内亚的山地森林中生活了至少几百万年，这与它们的近亲不同。估计在 400 万年前它们和它们的近亲产生了差异。而且，据赫尔根所说，自 1986 年最新的一件标本被博物馆收藏以来，它没有迁徙到任何地方。大多数西巴布亚鼠袋狸的标本是在安基湖岸线附近一条海拔在 1 890 ～ 2 200 米的狭窄带状区域内采集的。

“要做的就是长途跋涉到那些湖泊，花几天时间捕捉袋狸，”赫尔根说，“袋狸是一种非常小的动物，就在那里，只不过我还没去找而已。”

NRM 66233
South America
Amazonas
17 Apr 1924

160 年后得以命名：华莱士慈鲷

（*Crenicichla monicae*）

1852 年 8 月 6 日这个星期五的早晨，阿尔弗雷德·拉塞尔·华莱士被召唤到在大西洋航行的海伦号的甲板上。华莱士已经在海上航行了 26 天。他已经习惯了艰苦的生活。在此之前的 4 年里，他一直生活在亚马孙雨林中，探索未知的领域，为自己的私人收藏和故乡英国的博物馆收集各种标本。货舱里装满了他的珍贵标本，其中许多是科学上不可替代的新发现。这位出生于威尔士，时年 29 岁的博物学家甚至还收藏了一些活的标本：鹦鹉、长尾小鹦鹉、几只猴子和一条森林里收集来的野狗。

船长对华莱士说："船着火了恐怕会沉，所以我把你叫来听听你的想法。"

10 个月前，华莱士在热带雨林深处时发高烧，差点丧命。现在，仍未痊愈的华莱士和特纳船长一起站在海伦号的甲板上，看着浓烟从艏楼喷涌而出。船员们发了疯似的把一桶又一桶水倒进船舱里，但依然无法阻止的烈火吞没了整艘船。船长把他的天文钟、六分仪、罗盘和海图收了起来，船员们开始准备救生船：一艘大艇和船长的轻便划艇。

"我抓起一个装了几件衬衫的小锡盒，"华莱士在给他的朋友、植物学家理查德·斯普鲁斯的信中回忆道，"然后把我的鱼和棕榈树的图画放了进去。

幸好这几幅画就在我旁边。”

救生船上很快装满了补给品，“两桶饼干和一桶水、许多生猪肉和一些火腿、几听腌肉和蔬菜罐头，还有一些葡萄酒”。接着，人们抓着缆绳爬上了救生船。华莱士抓住一根绳子，滑了下去，掉进了救生船里，他手上的皮也磨破了。没过多久，海伦号沉入大西洋海底，华莱士收集的各种未知物种也随之沉入海底。

2015 年 9 月，斯德哥尔摩的瑞典自然历史博物馆的鱼类学家斯文 · 库兰德（Sven Kullander）发表了文章，命名了一种未被描述的图案独特的红色鱼类。华莱士于 1852 年从亚马孙盆地收集了这个物种的标本。库兰德给它取了一个学名：华莱士慈鲷。

华莱士慈鲷属于慈鲷科的矛丽鱼属。该属包括了将近 100 个已知物种，分布范围跨越南美洲的热带和南部区域，向东可达安第斯山。“矛丽鱼属鱼类的身体较长，”库兰德说，“而且大部分具有突出的吻部和一张大嘴，反映了它们肉食的习性。”

这种鱼有一个长而多刺的背鳍，背鳍几乎和它的身体一样长，长约 10 英寸。在鱼体的侧线上方，独特的黑色斑点组成图案，分布在它细长的身体上。库兰德在《两栖爬行学报》（*Copeia*）发表了一篇描述性文章，题为《华莱士的矛丽鱼在 160 年后得以命名：来自巴西内格罗河上游的慈鲷科（真骨下纲：慈鲷科）新物种》[Wallace's Pike Cichlid Gets a Name After 160 Years: A New Species of Cichlid Fish（Teleostei: Cichlidae）from the Upper Rio Negro in Brazil]。

内格罗河发源于哥伦比亚南部，是亚马孙河的主要支流。它向东南蜿蜒穿过雨林，在马瑙斯和亚马孙河汇合。华莱士 1852 年之前在内格罗河上游湍急的河段收集到这些鱼。库兰德称，当海伦号沉没时，船舱里至少有一个华莱士慈鲷标本。他之所以知道这一点，是因为华莱士在收集到鱼后用铅笔画了一幅画:他当过测量员，受过训练，能画得非常精确。当船着火并开始倾斜时，华莱士抓起他的鱼和棕榈树的图画，逃出火海。这些画跟着他一起掉进了船里。

库兰德是世界慈鲷专家，60 多岁，有着长长的银色马尾辫和淡蓝色的眼睛。他研究鱼类已有 50 多年。当他还是一名高中生的时候，他就有了自己的研究室。

“我试过观鸟，但很无聊。”他说。于是，他决定观察鱼类。20 世纪 70 年代，瑞典出现了引进非洲湖慈鲷作为水族馆标本的风潮。许多慈鲷品种一下子出现，其中一些是不常见的。当时还是青少年的库兰德借此机会，成为一个狂热的水族馆管理者，保管着一个个装满奇异慈鲷的水箱。“我更倾向于研究新热带鱼类，但我对所有的文献都非常熟悉，并保存了我能找到的所有物种，”他说，“我与其他业余爱好者和科学家保持着密切的联系，对于高中的学业也只是应付一下。”

他在本科阶段就在没有指导的情况下完成了自己的第一篇学术论文。在研究生学习期间，当时瑞典唯一的鱼类分类学家伯·芬恩霍姆（Bo Fernholm）成为库兰德的导师。库兰德共计命名了 100 多种新的慈鲷科鱼类。他说，在世界范围内，大约有 2 000 种已知的慈鲷，分布在亚洲、非洲、北美洲、中美洲和南美洲。在具体鉴别标准上，鱼类学家通过在咽齿上的细微差异来鉴别新的慈鲷种类。咽齿是被一层层像牙齿一样的刺覆盖着的、进食时聚拢来研磨食物的两片鳞甲。

查尔斯·达尔文（Charles Darwin）于 1859 年发表了《物种起源》（*On the Origin of Species*）一书，但他的进化论并不是孤立形成的，他也和华莱士在内的其他博物学家合作。华莱士是个安静的人，戴着眼镜，是第一个提出生物地理学基本理论的人。华莱士似乎凭直觉发现了地理隔离在物种形成过程中的重要性，在与达尔文通信时他也分享了这些观点。多年来，华莱士一直在探索亚马孙雨林最隐秘的地方，收集像华莱士慈鲷这样的标本。后来，他还在马来群岛待了一段时间，在那里划定了“华莱士线”，这条生物地理上的分界线向北经过印度尼西亚，穿过婆罗洲和苏拉威西岛之间，然后向西北方向经过菲律宾。这条线两边的物种截然不同：东边是大洋洲物种，西边是亚洲物种。这条界线的某些部分不过是一条狭窄的水道。除了少数例外，在华莱士线两侧发现的物种几乎都符合上述分类。在所谓的华莱士地区（马来群岛中华莱士线和莱德克线之间的苏拉威西岛、马鲁古群岛和努沙登加拉群岛），这条界线相对就没那么清晰。

回到 1852 年，华莱士和其他人坐在大西洋中部的救生船上，看着火焰烧过甲板，攀上船帆，吞噬着海伦号的一切。“不久以后，”他写道，“由于船身摇晃，桅杆折断掉到了海里，甲板很快就烧毁了，船舷上的铁器烧得通红，最后，底部被烧着的船首斜桁也被烧毁了。”

黑夜降临，火焰照亮黑色的水面，救生船上的人都靠近燃烧中的海伦号。在夜里的某个时候，海伦号在波浪中翻了过来，就像一个装满火焰嘶嘶作响的大锅，货物在锅底部燃烧着。华莱士很平静，他以为自己必死无疑了。当火焰飞溅到海里时，他坐在船上，想着他丢失的标本：森林里收集来的野狗、装满鱼的罐子、昆虫和长尾小鹦鹉、3 只长毛猴。“我费了好大的劲才弄到整整一片长 50 英尺的王棕榈（*Oredoxia regia*），还把它包好。我原本希望它能成为大英博物馆植物园里的一件不错的展品。”

华莱士一边盯着因为被绳子划伤而生疼的手，一边盘算着自己的标本。“所有我离开帕拉州之后收集的昆虫和鸟类我都带着，”他写道，“其中包括数百种美丽的新物种。这些收藏原本（至少我是这样希望的）会放在我的陈列室里，那是欧洲最好的美洲物种藏品陈列。”

一切都没了，但华莱士的插图保存了下来，它们最终收藏于英国自然历史博物馆。2002 年，它们被整理成《内格罗河的鱼类》（*Fishes of the Rio Negro*）一书出版。图板 194 号是一幅华莱士慈鲷的精细的黑白铅笔素描。这种鱼有着长而多刺的背鳍，嘴巴微微张开，背部和上半身分布着黑点。华莱士注意到这条鱼是鲜红色的，两侧有一条暗红色的带纹，就连眼睛也是橘红色的。

在这之后的岁月里，华莱士画中的其他慈鲷大多已被确认了种类——通常至少鉴定到属，许多鉴定到种。他画的许多鱼在收集之前就已经为人所知。1840 年，奥地利鱼类学家约翰·雅各布·赫克尔（Johann Jakob Heckel）发表了一篇专著，对它们进行了描述。赫克尔的研究依据是同为奥地利人，1817 年也前往探险的约翰·纳特雷尔（Johann Natterer）收集的标本。将近 20 年后，他带着大量的标本回到维也纳。但仍有一些物种处于未被鉴定的状态。1989年，库兰德描述了华莱士在亚马孙画的另一个物种鹰大眼丽鱼（*Acaronia vultuosa*）。而有些鱼等待命名的时间更长，就像图板 194 号上的鱼一样。

1923 年，一群瑞典生物学家来到华莱士 70 年前去过的一些地方。他们是 3 个好朋友：道格拉斯·梅林（Douglas Melin）、亚瑟·维拉斯（Arthur Vilars）和亚伯拉罕·罗曼（Abraham Roman）。梅林和罗曼是生物学家，工程师维拉斯是他们的助手。

他们 3 人从马瑙斯向北进入了内格罗河，这条河实际上有许多流向相同的河道。他们在沃佩斯河和内格罗河交汇处，沿着沃佩斯河向东行进，进入隐秘处，经过湍急的褐色河流的急转弯后继续前进。这条河每走一英里就变得更窄、更蜿蜒。他们在沿途收集了生物标本。到 1924 年中期，情况发生了变化。罗曼已于 4 月前往瑞典，而维拉斯在 6 月因发烧去世。

之后，梅林回到马瑙斯，把标本运回了瑞典，然后继续一人在秘鲁探险。他们 3 人一起收集了数以千计的标本——青蛙、鲶鱼、跳蛛和许多植物标本。1924 年 4 月，梅林和维拉斯在塔拉夸的内格罗河流域采集了一种独特的斑点红鱼的多件标本。这就是阿尔弗雷德·拉塞尔·华莱士收集过并看着它沉入大海的那种鱼。最终，据库兰德所说，探险队的所有标本都送到了瑞典自然历史博物馆。

梅林收集的鱼装了 130 个罐子，每个罐子都装有一个或多个储存在酒精中的标本。库兰德说："总的来说，梅林收集的鱼的数量并不多。如今，进行探险的人们带回了成千上万的标本。"

在斯德哥尔摩，梅林的华莱士慈鲷标本仍未确认种类。它红色的鳞片慢慢地褪成了粉红色，最后变成了淡黄色，眼睛变成了不透明的乳白色。标本中分子的分子链断裂并开始降解。20 世纪 50 年代，鱼类学家奥托·辛德勒（Otto Schindler）参观了斯德哥尔摩的动物收藏馆，看到了这些标本，并把它们带到他担任策展人的慕尼黑巴伐利亚州动物标本收集研究所。后来的几十年里，这些标本的种类一直未被确认。20 世纪 90 年代，库兰德发现了这些至今仍保存在慕尼黑的标本。

他说："我发现了这些斑点鱼，我认为它们一定是新发现。"他把其中两件标本带回斯德哥尔摩，但留下了第三件，因为它没有任何颜色。梅林和华莱士收集到的这种上半身有许多黑点，长着长而多刺的背鳍的鱼，在慈鲷中是独一无二的。库兰德说，从现存的少数标本来看，这些斑点似乎只存在于雌性身上。

“大多数矛丽鱼属鱼类看起来非常相似……在华莱士的画作中，雌性华莱士慈鲷独特的色彩和图案非常明显，使我们能够确认它是梅林收藏的带斑点的物种。”库兰德说道。在与其近亲比较后，库兰德发现它的长背鳍多了一根棘刺，其咽齿在许多重要方面也是不同的。“与大多数鳞片粗糙、鳞片边缘带有小刺的梭状慈鲷（*pike cichlids*）不同，”库兰德说，“华莱士慈鲷是该属中鳞片光滑的 3 个物种之一，这是非常独特的。”

160 多年前，华莱士采集了这种鱼类，之后标本丢失；将近一个世纪前，梅林在塔拉夸再次采集到了这种鱼类的标本。现在，它们终于有了自己的学名。自从库兰德描述了这种鱼以来，研究人员已经发现了梅林在亚马孙时收集到的其他失落的物种。2016 年 1 月，美国奥本大学生物学家米尔顿·谭（Milton Tan）和乔纳森 · 安布鲁斯特（Jonathan Armbruster）根据梅林在内格罗河流域采集的一个标本，命名了一个甲鲶科的新物种：*Hypancistrus phantasma*。这是一种颜色如鬼魂般苍白、“宽肩膀”的鲶鱼，嘴部小而下垂，身体呈楔形。“Phantasma”的意思是“幽灵”。像华莱士的梭状慈鲷一样，它在罐子里等了将近一个世纪。1924 年 2 月 14 日，梅林和维拉斯从内格罗河收集了它的正模标本，但从那以后就再也没人见过它。

1924 年，这种下口鲶就生活在水深流急的内格罗河河床上。现在，它们可能生活仍然在那里，像鬼魂一样，一条幽灵鱼。也许还有保存在罐子里的幽灵鱼存在于斯德哥尔摩和其他地方。随着时间的流逝，这些标本继续褪色，慢慢失去了颜色和曾经可能使它们与其他标本区别开来的独特图案和条纹。

DATE Aug. 1919 SEX
NO. P660
LOC. Cottesloe
ALT. Lt. Commr. Barlee COLL.

这里有龙：红宝石海龙

（*Phyllopteryx dewysea*）

经过多年的储存，这个标本已经变成了成熟桃子的颜色。它表面的背脊呈波状，骨板交错，鼻子像管子一样长。红宝石海龙拉丁名为 *Phyllopteryx dewysea*，被描述并命名于 2015 年，属于海龙科，是目前已知的仅有的 3 种海龙之一，也是 1865 年以来发现的第一个新海龙科物种。

活着的红宝石海龙是鲜艳的深红色，是新鲜的、充满血液的心脏的颜色：血红色。但这一苍白的标本不是活着的。在大约一个世纪以前，1919 年 8 月，它被冲上海岸，在澳大利亚西部珀斯附近的宽口湾科特斯洛海滩上被人发现。澳大利亚皇家海军少校巴里在海岸线上发现了它。它呈血红色，在海滩斜坡上的绿色海藻丛中一定很显眼。巴里把海龙捡了起来。

最终，这个标本被收藏于离它被发现的地方只有几英里远、位于珀斯的西澳大利亚博物馆，成为该馆的自然历史藏品。它从那时起一直被保存在那里，脖子上用绳子系着一个发黄的手写标签。它本来可能永远待在藏品内而不会被忽略，但西澳博物馆的资深研究科学家奈里达·威尔逊（Nerida Wilson）在那里发现了它，误认为是一只普通的海龙。

2007 年 10 月 10 日，一艘海洋研究船在澳大利亚西部南海岸雷切西群岛附近海面的巨浪中颠簸。在该岛稍偏东的地方，一张拖网被一辆咔嗒作响的绞车拖着露出水面，拉上了岸。在甲板上，来自西澳大利亚大学海洋未来中心的研究人员正在完成另一项生物多样性调查。网里有燕魟、粉色的鲷鱼、银色的鲹鱼和曲纹唇鱼，但研究人员也发现了一些新东西。在潮湿褶皱的拖网里，有一个从大约50米深处打捞上来的鲜红色的海龙，它有一条深S形的龙骨脊和一根笔直的、像单簧管一样的鼻子。

“我们之中没有人去那次巡航，”圣地亚哥斯克里普斯海洋研究所海洋生物学项目的研究生兼海龙研究员约瑟芬·斯蒂勒（Josefin Stiller）说，“如果船上有认识海龙的人，那个人肯定会认出来——光看颜色就已经很奇怪了。”相反，斯蒂勒说，船上的研究人员拍下了这只海龙，然后把它冷冻起来，后来把它以普通海龙的身份登记于西澳大利亚博物馆，直到斯蒂勒提出要求才有人再去看那只海龙。2015年，她与西澳博物馆的奈里达·威尔逊和斯克里普斯海洋学研究所的格雷格·劳斯(Greg Rouse)合作，在《皇家学会开放科学》(*Royal Society Open Science*)杂志上的一篇描述性论文，收录了她在甲板上拍摄的第一张照片。

海龙还有另外两种已知的物种：1804年首次发现的普通海龙（*Phyllopteryx taeniolatus*），以及1865年被描述的叶海龙（*Phycodurus eques*）。这两种海龙都有十分精巧的类似海带叶的叶状附肢，可以掩护行动缓慢的海龙，通过伪装成海带来逃避捕食者。

关于叶海龙的早期描述，博物学家朱利安·埃德蒙·特尼森-伍兹（Julian Edmund Tenison- Woods）在1882年《新南威尔士的鱼类和渔业》(*Fish and Fisheries of New South Wales*)中描述如下：“它像是海马的幽灵，身上缠绕着带状物。即便说是幽灵，看起来也像是在最为憔悴的阶段，只剩下皮肤和满溢

叶海龙

的悲伤。这些奇怪的鱼的奇特之处在于，它们的形状和颜色看起来和它们经常出没的海草一样，所以它们可以安全地躲藏和进食……就像叶虫模仿树叶、竹节虫模仿树枝一样，这里也有像海草一样的鱼。如果这算是一种进化，在这个阶段就可以停止了，再往前进化它们就会变成一堆海带。”

海龙和海马是近亲，但它们之间有明显的遗传差异。海马属于海马属，已知的海马有 54 种。它们分布更广，从北美到南美的太平洋热带和亚热带浅水水域，从加拿大新斯科舍省到大西洋乌拉圭的水域。“人们经常能发现海马。”斯蒂勒说。而海龙并非如此，只在南澳大利亚沿岸发现过它们。“发现第三个物种绝对是非同寻常的。”她说。

斯蒂勒利用遗传技术研究了不同海龙属交叉区域内种间和种内的多样性。她说：“我们想了解澳大利亚的野外有多少种群、这些种群之间是如何相互联系的——它们的基因有多么多样化。”

为了做到这一点，斯蒂勒需要从单个海龙身上提取新鲜的组织。几年来，她和劳斯一直与澳大利亚的威尔逊合作，持续收集标本，建立一个永久性的组织库。斯蒂勒说："它们中的大多数是我们在野外捕捉到，然后采集小的组织标本。"接着，他们对这些标本进行测序，把 DNA 分离、测序，并读取信息。之后将 DNA 序列相互比较，并仔细评估差异。"我也经常联系博物馆，询问是否有我们可以使用的组织标本，"她说，"在大多数情况下，鱼类标本会被扔进福尔马林里，所以你不能将它们用于 DNA 研究。"

联系西澳博物馆后，斯蒂勒得到了 2007 年 10 月在雷切西群岛捕获的、现在还放在冰箱里的红宝石海龙标本。和其他组织一样，该组织经过处理，DNA 被分离并测序。"我们有 250 多个海龙标本，但和这个标本都不匹配，"她说，"实际上，这个标本物种与其他两个物种的基因都大有不同。"

斯蒂勒没有料到会有一个异常值，它显然不属于其他已知的海龙物种。"我对这个结果思考了很久。"她说。她把数据检查了一遍又一遍。然后，她对从组织标本中分离出的 DNA 进行重新测序，以确认是不同的，组织也没被污染。直到那时，斯蒂勒还没有真正看到来自雷切西群岛的海龙标本。这是一只怀孕的雄性标本，它的尾巴下面有一窝鲜红色的蛋，每个蛋里面都有一个如完美的微型复刻品一般的小海龙，长得像一个个小小的红色卷曲的逗号。西澳博物馆的工作人员将其中的 50 个蛋送给斯蒂勒。

她说："我把蛋取出来，对所有的个体进行了测序。"它们也都是异常值，就像它们的海龙父亲一样。斯蒂勒对自己的发现越来越有信心，她要求提供标本的收集细节，并得到了收集地点和收集深度的信息。51 米的深度对于一只海龙来说是很深的，斯蒂勒想。另外两种海龙通常发现于近海和较浅的海底，斯蒂勒研究的组织标本大多来自更接近海面的海龙标本。

“然后他们说：‘哦，我们有这张照片。’”斯蒂勒说，“他们把这张红鱼的照片发给了我们。”突然间，一切都变得清晰起来：意料之外的基因数据、异常值、采集到标本的如此深的海洋深度都有了意义。“我记得是在晚上拿到的照片的，”斯蒂勒说，“我能看出它有不一样的骨头，在其他两个物种身上是看不到的。我一回家就开始仔细看照片。”

从形态上看，红宝石海龙与另外两种海龙有明显的不同。斯蒂勒和劳斯坐在电脑前，开始观察与最初的照片的不同之处。多出来的骨头很重要。斯蒂勒说：“你可以看到它们身上有多少鼻环、有多少骨环。这些从照片里可以看出来。我们数了一下，发现环的数量比普通海龙和叶海龙要多。”

还有其他细微的形态差异：没有头脊柱；背脊在其他海龙身上指向后方，在红宝石海龙身上指向前方；第三腹脊柱位置特殊；颜色像成熟的番茄。不久之后，斯蒂勒就能仅根据形态的差异把这 3 个物种区分开来，而不依靠颜色。即使红宝石海龙标本在收藏数十年后变白，她仍然可以很容易地辨别出其中的差异。斯蒂勒说，事实上，红宝石海龙的颜色很可能是一种重要的适应性进化。她怀疑红宝石海龙生活在无光深水区，那是海洋中昏暗的区域，阳光很难抵达那里。红宝石海龙引人注目的色彩背后的原因开始浮出水面。红光是可见光中波长最长的一种，会被数百英尺深的海水吸收，是海水中穿透力最弱的光线。所以，在黑暗处，即使深度只有约 50 米，捕食者也几乎看不到红宝石海龙。红宝石海龙没有叶海龙那样精巧的叶状附肢，长得也不像海带，不过它也不需要那些伪装。斯蒂勒说：“红色的动物在海洋深处看起来基本上是黑色的。如果这样，这种颜色可能真的是一种用来适应它生活环境的保护色。”

接着，斯蒂勒开始和合作者在全球范围内寻找副模标本，也就是分类学家用来和正模标本一起描述和定义新物种的附加标本。生物学家不喜欢用单一的标本来描述物种，单个数据是无法确定任何事情的。由于正模标本是在相对较深的水域捕获的，斯蒂勒联系了科学收藏者，想借用在 50 米以下深度获得的海龙标本。还有另外两个红宝石海龙的标本，都保存于澳大利亚国家鱼类合集（Australian National Fish Collection）。1956 年 5 月，它们从珀斯附近海洋深处 72 米的地方被拖网打捞上来，此后经历了很长的保存期限。后来，威尔逊在西澳博物馆的收藏中发现了 1919 年在科特斯洛海滩收集的标本。

斯蒂勒说："有一天，我们把所有的托盘都拿了出来，然后开始整理这些干燥的标本。它们都放在盘子里，每个盘子上可能有 8 ～ 10 个标本。"那总共有近 200 个海龙标本。斯蒂勒挨个检查标本。"我们果然发现了一个，"她说，"我们差点就错过了西澳博物馆的那个标本，因为它被冲到了海滩上，基本上从我想要找的深层标本的条件中被过滤掉了。"

红宝石海龙之所以这么久未被人发现，就是因为大海浩瀚无边，隐藏了它的秘密。如果不是因为偶然的机遇，这么一个活动范围如此有限、生活在几乎无法发现的海洋里的物种可能永远不会被发现；如果不是斯蒂勒获得的异常值——那只是图上一个奇怪的单点——这个物种仍然无法得到描述。事实上，威尔逊怀疑红宝石海龙经常在澳大利亚南部偏远的海岸线上被冲上岸，她说："我想很多人可能以前就接触过这个物种，只是不知道它是什么。"

2015 年 3 月，在关于该物种的描述发表几周后，一家人称在澳大利亚西部卡尔弗角的岩石上发现了一具被冲上岸的红宝石海龙尸体。随后，这只海龙的照片被放到网上。落在灰白色岩石上的长且呈红色的身躯在阳光照射下闪闪发光——就是红宝石海龙。威尔逊说，最近，一位潜在的合作者告诉她，他在埃斯佩兰斯的海岸线上发现了一具海龙的尸体，她看了照片后说："原来这是另一只红宝石海龙。"

2016 年 4 月，威尔逊、斯蒂勒和劳斯开始了捕捉野生环境中的红宝石海龙标本的科研探险。在雷切西群岛附近的南部征服号上，队员们都晕船了。海浪的浪高是预报的两倍。船在一座座灰色山峰似的波浪上颠簸，队员们都觉得恶心想吐。船头一连好几个小时都在潮湿的空气中倾斜着，还不停地向下倒。前一天，该团队成员达夫 · 菲利普斯（Daff Phillips）在较为平静的水域的一个小岛背风处停靠，测试了一个装有摄像头的远程遥控潜水器（ROV），并把它送到了 2007 年拖网捕捞到红宝石海龙的相同深度。但当时不行，即使把 ROV 放到 50 米深的地方也会因为海浪太大而无法操控。

第二天，海浪小了一些，团队再次部署了 ROV，结果一无所获。然后，在探险的最后一天，ROV 穿过海藻密布的黑暗水域，来到了无光深水区。就在那一瞬间，它出现了：一只孤零零的、颜色像成熟番茄的红宝石海龙。南部征服号的船舱里，挤在电脑屏幕前的成员们欢庆一团。在菲利普斯的控制下，ROV 跟着红宝石海龙穿行海洋，掠过沙质海底，发现了另一只红宝石海龙。然后，电池逐渐耗尽，ROV 被拖出水面。几分钟后，当仪器重新回到 50 米深度全速前进时，红宝石海龙消失了。

“我们就见过这么几只红宝石海龙。”威尔逊说。最后，第三种神秘的海龙也在自然环境中被发现。自 1919 年在科特斯洛海滩出现后，在相对昏暗的短时间内，红宝石海龙再次出现又消失了。“我们对自以为已经知道的事情毫不在意，”她说，“一只普通海龙，存在很久了。它很特别。人们很容易忘记可能还会有一些新东西。”

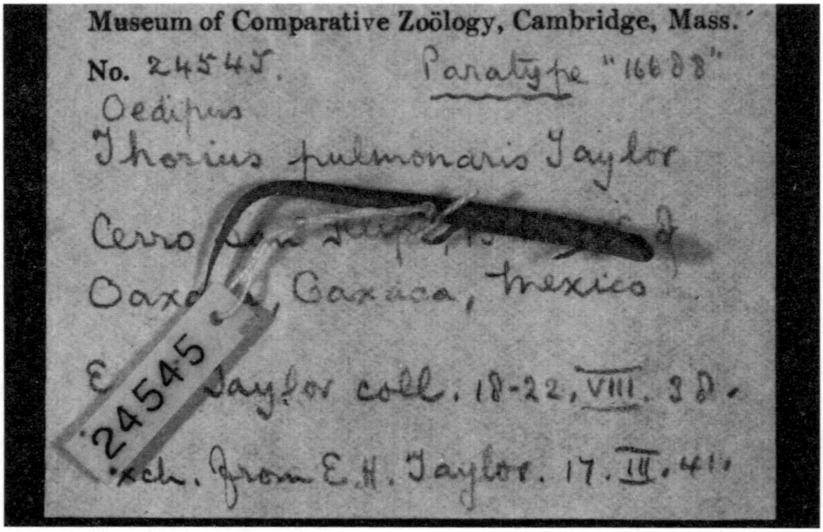
Museum of Comparative Zoölogy, Cambridge, Mass.
No. 24545. Paratype "16688"
Oedipus
Thorius pulmonaris Taylor
Cerro
Oaxaca, Mexico
Taylor coll. 18-22, VIII. 38.
xch. from E. H. Taylor. 17. III. 41.
24545

在罐中度过一个世纪：索里螈属

（*Thorius Salamanders*）

20 世纪 70 年代，当吉姆·汉肯（Jim Hanken）还是一名研究生时，他就开始研究索里螈属，这是墨西哥南部地区特有的一种无肺侏儒蝾螈。当时，整个属只包括 9 个已知的物种。它们都极小，本质上几乎无法区分。如今有 24 种已命名的物种，且数目还在增长。汉肯是一名两栖爬行动物学家，现在是哈佛比较动物学博物馆的馆长，他发现了其中的 15 种。

索里微型蝾螈（*Thorius arboreus*）是它们中最小的一种，栖息在墨西哥南部潮湿的山地森林中。它的一生都生活在高海拔地区，在山上稀薄、缺氧的空气中度过。它的身躯如蛇，蜿蜒行进于大树下潮湿的灌丛中。它真的很小：一只成年雄性索里微型蝾螈只有 17 毫米长，正好是大拇指甲的长度。成年雄性索里微型蝾螈青苔绿的两翼上有一条鲜亮的红色带子，一直延伸到刀刃状尾巴的尖端。在其他许多重要的方面，它与其他索里螈属动物非常相似。在某些情况下，即使像汉肯这样基本上已经发现了几乎所有已知的索里螈属的专家，将两种物种的标本放在一起，鼻子几乎要碰到它们，近距离观察一个小时，都无法揭示它们的差异。但利用 DNA 测序等分子技术，他就可以把它们区分开来。

1869 年，第一个索里螈属蝾螈被发现：韦拉克鲁斯侏儒蝾螈（*Thorius*

pennatulus）。它几乎和索里微型蝾螈一样小。如今，韦拉克鲁斯侏儒蝾螈以及汉肯在过去几十年里发现的许多新物种都濒临灭绝。在过去的 20 年里，韦拉克鲁斯侏儒蝾螈几乎完全消失了，汉肯在野外工作时，再也看不到它了。韦拉克鲁斯侏儒蝾螈的数量曾经很大，但现在却很难找到了。

这个物种的正模标本于 1869 年被爱德华·德林克·柯普（Edward Drinker Cope）在奥里萨巴收集，目前保存在华盛顿的国家自然历史博物馆中。在它被收藏之后 100 多年里，几乎没人能把索里螈属中的不同种蝾螈区分开来，不过这并没有阻止野外生物学家去收集并将它们储存在科研藏品和生物藏品库中。哈佛大学比较动物学博物馆收藏的韦拉克鲁斯侏儒蝾螈标本就是典型的例子。它看起来就像一根长了 4 条粗壮的半成形的腿的细长的胡萝卜。1938 年夏天，人们在墨西哥南部瓦哈卡北部的山区里捕捉到了这种蝾螈，从那时起它就一直被放在装有乙醇的烧瓶里。

汉肯说："索里螈属蝾螈的数量曾经非常丰富，世界各地的博物馆收藏着成千上万的标本。它们太难区分，很多标本并没有真正确认种类，或者只被确认到属。"

世界各地的藏品中包括了装满福尔马林的只标着索里螈属的瓶子，它们都没有被详细地鉴定。有些标签还是错误的，这让事情变得更加复杂。"人们得猜它们可能属于什么物种。"汉肯说。最后，在 20 世纪 90 年代，他和他经常一起合作的伙伴、加州大学伯克利分校的两栖爬行动物学家大卫·瓦克（David Wake）开始了一项堂吉诃德式的任务：他们搜罗了巴黎和柏林古老的、著名的科研收藏，但根本没有发现索里螈属。几年来，他们访问了美国各地的机构。汉肯说："我们基本上把不同机构里所有的罐子都检查了一遍。很多我们后来发现其实是新物种、还没有被描述的物种，都一直装在罐子里。这些标本很小，一个罐子里可以装上 100 到 200 件标本。"

有时这些标本被保存在防腐剂中达50年、80年甚至更长时间，大部分都无人问津。汉肯在伦敦发现了一个罐子，里面装着1902年在野外采集的标本，他说："它们是由德国著名探险家汉斯·加朵（Hans Gadow）收集起来的，他将自己的大量资料存放在英国自然历史博物馆。"在《穿越南墨西哥：自然主义者的探索之旅记录》（*Through Southern Mexico: Being an Account of the Travels of a Naturalist*）一书中，加朵描述了在奥里萨巴周围的高海拔地区发现索里螈属的过程。他写道："这些物种就包括韦拉克鲁斯侏儒蝾螈，一种不到两英寸长，比火柴还薄，四肢瘦弱、趾部退化的动物。"

由于无法进行正确的鉴定，加朵把蝾螈送到了伦敦。与这些蝾螈一起到达的还有许多他在探险中收集的其他标本：形态多样的强盗蛙、小头西部棕蛇、巨大的角蜥。在阿帕兹甘附近加朵收集了贝克韦尔线蛇（Bakewell's thread snake）的正模标本。他在墨西哥南部的大片土地上活动，主要收集爬行动物和植物标本。他也捕捉蝴蝶：粉红斑点的番凤蝶、美洲蓝凤蝶。在他的旅行记录中，加朵将索里螈属描述如下："这些小东西有生活在明显不稳固的地方的偏好，也就是在腐烂松树的树皮与形成层之间，在生活着甲虫和蛆的腐土中。"

加朵的标本已经在罐底等待被描述近一个世纪，有一些比火柴还细。它们曾经被确认种类，但分类结果是错的。汉肯在参观英国自然历史博物馆时发现了它们，他小心翼翼地把瓶子里的酒精倒出来，把标本从瓶底取出，仔细检查。汉肯怀疑那里面不止一种蝾螈，但他也不能确定。后来，在墨西哥野外工作期间，他在加朵1902年去过的同一地点收集到新鲜的标本。汉肯利用新鲜的组织标本和一种叫作蛋白电泳的方法来寻找标本之间的差异。蛋白电泳这项技术根据蛋白质的整体电荷来分离蛋白质。所有的蛋白质都是由氨基酸链组成的，每个氨基酸链携带一个小电荷。有时候，虽然两个物种在罐子里看起来是一样的，它们也会有形式稍有不同的、被称为同工酶的特殊蛋白质。电荷的微小差异导致同工酶以不同的速度向电极移动。这样一来，汉肯这样的进化生物学家就能够区分它们。

瓶子里的标本属于两种未被描述的物种：*Thorius lunaris*，即新月鼻索里螈（the crescent-nostriled thorius）；*Thorius spilogaster*，即斑点索里螈（the spotted thorius）。它们都在墨西哥最高峰奥里萨巴火山的凹槽锥的南部和东南两侧散布的小村庄附近被发现，是汉肯描述的所有物种中橱柜时间最长的。正如汉肯的研究表明的那样，索里螈属是一个庞大而多样的物种群，每一个物种的栖息地范围都非常有限。在某些情况下，一些物种生活在同一区域，它们的栖息范围是重叠的。他说："在墨西哥的一些地方会有2种同域物种，甚至3种同域物种。有的时候，把在一个地方收集到的标本放在一个罐子里，结果发现里面不止一个物种。"

汉肯说，索里螈属向外辐射，属里的物种至少在1 400万年前，甚至可能早在4 000万年前，就从一个共同的祖先分化而来。整个属分布在墨西哥南部的瓦哈卡高原一个相对较小的、称为跨墨西哥火山带的地理区域。有些物种变成了树栖动物，就像加朵所说，生活在树皮与形成层之间。其他的仍然生活在陆地上，像 *Thorius dubitus* 一样，深入山地森林地面下黑暗、隐蔽处，只生活在松枝落叶中。其中一个物种 *Thorius magnipes*，只生活在凤梨科植物中。另一种叫 *Thorius minutissimus* 的物种只在瓦哈卡南部马德雷山脉的圣托马斯·特潘（Santo Tomás Teipan）附近的一个海拔约2 500米的地方被发现过。它向特定的方向进化，如此完美地利用了它在那里发现的当地资源。就像一把锁对应一把钥匙，它只存在于那里，在俯瞰太平洋的崎岖的瓦哈卡山脉的绿色褶皱中。它非常适合生活在那里。也许向东几英里，在同样的海拔高度，小环境只有稍微不同，但就完全不适合它生存了。

墨西哥伊拉普阿托国家生物多样性实验室的肖恩·罗维托（Sean Rovito）是汉肯的另一位合作者，他曾试图绘制出索里螈属分化并辐射到整个山脉的顺序。罗维托估计，*Thorius grandis* 和 *Thoriu sschmidt* 这两个非常相似的物种在很早的时候就分化了，大约在 1 400 万年前变成了不同的物种。据估计，另外两个外表相同的物种——*Thorius papaloae* 和 *Thorius magdougalli*——在 570 万年前就分化了。人类和大猩猩在大约 650 万年前分化。也就是说，人类和黑猩猩在基因上共同拥有的信息，正如 *T. papaloae* 和 *T. magdougalli* 一样。就算放在一起，这两种蝾螈本质上也无法区分。区分困难不只是因为它们的身体太小。汉肯说："即使你把它们放大到更大的尺寸，它们的差别也不会太大。比尺寸更加微妙。"

汉肯在确定新物种后经常会发现一些可以用来将其与其他物种区分开来的解剖学特征，在身体大小、外部颜色或骨骼结构上的细微但可测量的差异——存在或缺失某个特定的骨头。为了确定骨骼上的差异，他使用了组织学的方法，他说："将骨头洗净，然后染色——把骨头染成一种颜色，把软骨染成另一种颜色，让身体的其他部分变得透明——骨骼就会清晰可见。"

了解墨西哥南部是否有 25 种、30 种、50 种或更多的索里螈属物种是很重要的。汉肯说："这对保护策略具有重大意义。"自然资源保护者在了解一个物种的存在之前是无法保护它的。"如果事实证明，你所认为的一个广泛分布的物种实际上由 25 个生活范围非常小的物种组成，那么保护基因遗产和生物多样性的整个策略就会发生很大的变化。"

无论如何，环保主义者都将努力拯救它们。如今的环境已经对它们的生活造成了伤害。对许多物种来说，在它们被确认为物种种类之前，它们的栖息地就已经消失了——用于农业或城市发展，因非法砍伐被破坏，或因气候变化受到影响。即便如此，汉肯仍在为新的索里螈属命名。2016 年 11 月，他和他的同事们描述了 3 种新的索里螈属蝾螈，它们都来自瓦哈卡东南部的山区。通过仔细观察看似一样的标本，他不断意识到它们并非同一物种。这些新物种都是从以前划分为一个物种 *T. minutissimus* 的生活区域采集的。1976 年 7 月，汉肯在松橡树林和红土的树木繁盛处收集了居住在圣米格尔苏希特佩克村附近松树上的小型蝾螈 *T. pinicola* 的正模标本。Pinicola 来自拉丁语 pinus，从松树和可乐而来，意思是“居住在……的居民”。另一个物种 *T. longicaudus* 在 45 年前的 1971 年 11 月从索拉维加收集而来，照片中它又长又瘦，像一条被丢弃的鞋带，湿漉漉的背上有一条铜色条纹。1974 年，汉肯访问典型标本地时，看到这种蝾螈数以百计地挤在路边的泥土缝隙中，每个缝隙中有 10 ～ 12 个。到了 2014 年，当肖恩・罗维托再次来到这个地方时，却一个都找不到了。这一地区因伐木活动而发生变化，道路拓宽，蝾螈也不见了。在这个地区，最后一次见到活的蝾螈是在 1998 年。第三个索里螈属新物种 *T. tlaxiacus*，即英雄索里蝾螈（heroic minute salamander）标本的发现可以追溯到 1976 年。最后，汉肯和其他人可以开始了解该物种在瓦哈卡生态系统复杂的生物多样性中所扮演的角色，即使它们可能已经不复存在。

还有其他索里螈属物种未被发现。“现在我知道罐子里至少还有 8 种未被描述的索里螈属物种，我们有数据。”汉肯实事求是地说。在世界其他地方——在地下室里、在标本架上——甚至还有更多未知的索里螈属物种，像烧焦的火柴一样被放在烧瓶里，等待着被命名。

出自一口绿坩埚：隐身节蛙

（*Arthroleptis kutogundua*）

几年前，现任佛罗里达自然历史博物馆两栖类和爬行类藏品策展人大卫·布莱克本（David Blackburn）站在哈佛大学的一个大玻璃瓶前。这个玻璃瓶被放在比较动物学博物馆的架子上，位于储存两栖爬行动物藏品压缩柜的顶部。他回忆说，瓶子里有很多青蛙标本，“五六十只大中型青蛙，都是棕色的扭曲着的”。

在过去的某个时候，整瓶青蛙都被认定为一个单一的物种：*Arthroleptis adolfifriederici*，鉴定的标签被贴在瓶子上。*A. adolfifriederici* 也被称为鲁日森林节蛙（Rugege Forest squeaker frog），是一种小型且相对常见的青蛙，分布于中非和东非的多个国家，于 1911 年被首次描述。仅凭这些理由，瓶子里的东西就引起了布莱克本的兴趣。他说：“我研究非洲青蛙，碰巧在研究这类物种——节蛙属。”

布莱克本回忆说，随着时间的流逝，这些被储存在酒精中的标本“有点发黄”。他估计，从上次有人仔细地观察罐子里的青蛙以来，至少过去了 30 年，也许是 40 年、50 年，甚至更久。

布莱克本说：“作为一名研究生我意识到，即使从外面看这个罐子都能看出里面不止一个物种。它们有许多不同之处。”他小心翼翼地把罐子从架子上拿下来，揭开盖子，开始对里面的东西进行分类。他说："对我来说，只须拿着一个托盘，把它们逐一拿出来，试着把它们分成几堆。"

布莱克本说："我一件接一件地检查标本。它们的信息只有一个编号。标签上没有写别的东西，只有编号。"当他用长柄镊子把青蛙从罐子里拿出来的时候，有一件标本似乎和其他的都不一样。"我把它拿出来，把它单独放在一边。"他说。

不久罐子就空了。布莱克本面前的托盘上放着几堆青蛙，他把它们分成了几组，这只奇怪的、无法辨认的，编号为 16952 的青蛙被单独放在一边。2012 年，布莱克本在《两栖爬行动物学杂志》（*Journal of Herpetology*）的一篇论文中对这种青蛙进行了命名和描述。他给它取学名为 *kutogundua*，俗名为隐身节蛙（The Overlooked Squeaker Frog）。这种青蛙等待了 80 多年才被描述。布莱克本说："基本上，这是根据单个标本描述的青蛙。"

节蛙属（*Arthroleptis*）是一种分布广泛的蛙类，分布在非洲撒哈拉以南的热带地区，属内大约有 50 种蛙，因其特有的高音调叫声也被称为尖声蛙。它们是典型的小型陆生物种，通常只有几厘米长。"据我们所知，"布莱克本说，"这些青蛙都没有蝌蚪，是直接从卵中孵化出来的。"

其他节蛙属青蛙包括：弗里敦长指蛙（the Freetown long-fingered frog，*Arthroleptis aureoli*）、宁巴山节蛙（the Mount Nimba screeching frog，*Arthroleptis nimbaensis*）和洞穴节蛙（the cave squeaker，*Arthroleptis troglodyte*）。在整个非洲大陆，许多节蛙属青蛙都处于极度濒危状态，栖息地被破坏，生存也受到威胁。

一位两栖爬行动物学家在检查一件收藏了长达 80 年的两栖动物标本时，必须培养出一套关键技能，比如说，鳞翅目学家研究保存完好的蝴蝶时并不需要的推断能力。这个标本看起来不再是它活着时候的样子了。换句话说，布莱克本必须根据局部尝试构想整体，对青蛙来说尤其如此。爬行动物就不一样了。爬行动物系统学家通常观察尺寸上的差异——某个标本上的颜色图案、发现位置和鳞片数量上的明显特征。一种独特的蛇类可能在某个特定的位置有一片额外的或一系列形状不同的鳞片。2015 年，伍尔弗汉普顿大学的两栖爬行动物学家马克 · 奥谢亚（Mark O'shea）将一种在新几内亚的星山发现的、以蚯蚓为食的毒伊蛇属新种命名为 *Toxicocalamus ernstmayri*。该标本是该物种唯一的已知标本，收藏于哈佛大学比较动物学博物馆两栖爬行动物学藏品长达 50 年了。

奥谢亚说，早期通常甚至没有两栖爬行动物学家到新几内亚或坦桑尼亚等地进行实地考察。在采集标本时，探险队员们的主要关注点放在昆虫、鸟类、哺乳动物和植物上。他说："两栖爬行动物不过是他们其中某个人，或探险队里的医生，顺便收集的。"探险队随后将两栖爬行动物类标本送回了他们家乡的机构，希望那里有人能对它们进行检查。奥谢亚继续说："但是，当然，要么因为同样的原因——缺乏专家——而得不到检查，要么因为多年以后收集者已经去世，无法提供更多的数据。即使是理查德 · 阿奇博尔德（Richard Archbold）在 20 世纪 30 年代和 50 年代在新几内亚 7 次收集了许多两栖爬行动物标本的探险的队伍里，也没有一个两栖爬行动物学家。"

奥谢亚注意到 1969 年收藏在哈佛大学书架上一条 3 英尺长、古铜色的蛇的标本。他用鳞片的大小和比例来鉴定和描述它。标本缩小为个体尺度图：203 个腹侧鳞片、29 个尾下鳞片、6 个上唇鳞片等。由于这个原因，辨认出古老的藏品中未被描述的爬行动物比辨认出青蛙更容易。经过几十年的防腐处理，这些差异依然存在。但随着时间的流逝，没有可以计数鳞片的青蛙标本慢慢变得奇怪而苍白。布莱克本从罐里的这只青蛙身上取下皮肤斑纹，这些皮肤上的斑纹原本明显而耀眼，现在变得柔和而黯淡。青蛙实际的叫声是人们描述它们的一种方法。2014 年，研究人员将生活在纽约斯塔顿岛的一个新物种命名为大西洋豹蛙（*Rana kauffeldi*），这种青蛙因其和近亲不同的、独特而突兀的叫声而被人发现。但是，对于隐身节蛙来说，已经没有声音可以分析了。

它的正模标本漆黑一片，就像一块浸湿的树皮，一条长的后腿抬起并在膝盖处弯曲，另一条腿无力地垂下来，就像被冻住了一样。它身体的两侧是粗壮的前腿，头部宽大且呈铲状；腹部有一个小切口，里面的肠子不见了。但它看起来仍然是一只青蛙，一只体形较小、脚趾长而优雅的青蛙。“从很多方面来看，这都是一种不起眼的动物。”布莱克本说，“因为体形原因，它在体形普遍较小的节蛙里面显得很突出，但在蛙类里面它的体形并不算大，就是一只大约 4 厘米长的小青蛙。”

1930 年 3 月 19 日，英国两栖爬行动物学家、哈佛比较动物学博物馆两栖类和爬行类策展人亚瑟·罗维里奇（Arthur Loveridge）收集了它的正模标本。罗维里奇是一位勇敢无畏的探险家。第一次世界大战期间，他曾在由居住在英属东非的英国殖民者组成的东非步枪队服役，后来作为一名野外生物学家多次到非洲进行探险，收集标本，在地图上未标明的危险地带一待就是几个月。罗维里奇在坦桑尼亚西南部恩戈齐火山森林环绕的火山坑中发现了这个标本。恩戈齐火山是一座死火山，火山口的崖壁陡峭，像一个坩埚，底部有一座湖。

“从 1930 年 3 月 18 日到 20 日，我们在火山口狭窄的边缘扎营。”罗维里奇在《关于坦噶尼喀地区西南高地探险科学成果的报告》（*Reports on the Scientific Results of an Expedition to the Southwestern Highlands of Tanganyika Territory*）中写道。罗维里奇发现这只青蛙时，他对南部高地为期 8 个月的探险进行到了一半。他于 1929 年 11 月初就已到达达累斯萨拉姆。到了 1930 年 3 月，正是雨季。雨下个不停，火山上空乌云密布。1930 年 3 月 18 日，罗维里奇到达恩戈齐火山。“我们下午 3 点到达火山坑边缘，这里足够平坦，可以扎营，也可以在陡峭火山口边的树木上固定缆绳，吊起帐篷。”

第二天早上，在 3 名当地助手的陪同下，罗维里奇下到火山坑收集标本。他们冒着雨，爬下“坩埚”陡峭的绿色崖壁，下到浸湿了的地面上。他们在落叶中搜寻，翻动一棵棵圆木。在将近 5 个小时的时间里，他们只收集了 40 只青蛙。

“我们收集到了隐身节蛙的一个标本。”罗维里奇写道。他发现这只青蛙时，它正在潮湿的森林地面上跳来跳去。最终，这只青蛙和探险队的其他标本一起被送到了马萨诸塞州剑桥市的哈佛大学，以编号 16952 标本的身份收藏于比较动物学博物馆的两栖爬行动物藏品。

布莱克本是如何在一个装满类似的、早就为人熟知的青蛙的罐子里发现隐身节蛙的呢？这是发现物种的关键问题。是什么让他发现部分并以某种方式构想出整体？即使是现在，布莱克本也不知道为什么。他无法解释是什么样的直觉让他把这个标本单独拿出来。一堆标本中的一个物种。是什么细节使一只在酒精中存放了 80 年而变成棕色的不起眼的青蛙和其他动物区分开来？他告诉我：“我觉得是通过形态，我知道它和其他的标本不一样，但我无法向你说清楚。”

也许布莱克本只是对这些藏品中未被发现的秘密保持警觉。在他的职业生涯中，他检查过成千上万只青蛙——无论在机构里还是在野外，从安哥拉、喀麦隆、马拉维、尼日利亚到乌干达的探险。他说，从分类上看，这只青蛙不属于他以前见过的任何一种节蛙。不需要进行大量细致的解剖测量——这些测量方法后来也被写入它的正式描述中——他就知道这个标本是不一样的。他仔细地将标本转换成数据——包括眼睛直径、大腿长度和手指长度在内的一系列测量数据。布莱克本说，它有一个小鼓膜和细长的指头。但这些数据只是以一种更加无可辩驳和经验主义的方式证实了布莱克本的直觉告诉他的——这是新物种。

在当地斯瓦希里语中，*kutogundua* 的意思为“不去发现”。

那些看似不起眼的物种，比如隐身节蛙，可能对环境产生巨大而深远的影响，在灌木丛中悄无踪影的它们甚至可以改变整个生态系统。布莱克本说：“最近在加利福尼亚发现的蝾螈属埃氏剑螈（*Ensatina salamanders*）的研究就是一个很好的例子。这是一种生活区域环状的物种——基本上生长在一个地理范围内，然后慢慢分化，所以当它越过地理屏障，比如在加州中央山谷，就完全变了个样。”

和隐身节蛙一样，埃氏剑螈体形较小，看起来毫不起眼，一只剑螈大约长 2 厘米。布莱克本说：“它们在红杉树林中随处可见，都是不起眼的小动物。但最近的一些研究表明，它们实际上对环境中的碳循环非常重要，因为它们数量众多，而且以很多陆生无脊椎动物为食。当它们排泄或死亡时，碳就会返回土壤中。所以，尽管它们看起来很小、很不起眼，但它们对红杉林这样的生态系统真的很重要。”

生活在撒哈拉沙漠以南热带雨林的潮湿落叶层的隐身节蛙在生态环境中可能扮演着和埃氏剑螈一样重要的角色。它可能是一个活的发动机，驱动着生态循环这个巨大的看不见的过程，前提是它仍然存在。近年来，到该地区考察的野外生物学家和保守主义者没有报告说见到过类似的物种。

布莱克本说：“我有很多在东非工作的同事。我四处询问，甚至提到了一些同事的描述，然后对他们说：‘我知道你一直在坦桑尼亚南部工作，你见过这个物种吗？’他们都说没有。”

在过去的几十年里，生物学家观察到，世界上许多青蛙种类的数量迅速减少。布莱克本说：“在喀麦隆山区有一种没被描述过的蛙类。”几年前他的几位同事描述了这个物种。10 年前，这一物种广泛分布，在山区随处可见。“你看到这些青蛙时会觉得‘好吧，都这么多了，我们不用费心去捡了’。”

但这种情况很快发生了变化。他说：“在过去它是如此常见，以至于有时甚至因为太常见而没有人收集它，但现在你甚至完全看不到它的踪影。到底发生了什么？”

据估计，世界上几乎有三分之一的蛙类濒临灭绝。导致这种现象的原因很复杂，包括气候变化、栖息地丧失，以及外来物种的入侵。在许多地区，两栖动物种群由于壶菌病——一种由蛙壶菌引起的传染病——而急剧减少。有一些已经完全消失了。亚特兰大动物园的两栖爬行动物学家兼研究主管约瑟夫·门德尔森（Joseph Mendelson）目睹了这些物种数量的减少。他告诉我：“我们已经失去了一大批青蛙，数量还未知。我们永远不会知道，在过去 20 年左右的时间里，我们在中美洲失去了什么，而那里正是我完成大部分工作的地方。”

在某些地方，曾经常见而多样的两栖动物整个群体几乎已经消失。安第斯山脉特有的斑足蟾属丑角蟾蜍就是一个例子。门德尔森说：“当时有超过 225 种，但现在我认为只可能找到 7 ～ 10 种，其他的都找不到了。它们已经消失了几十年。几乎可以肯定，由于这种壶菌，它们都灭绝了。”

布莱克本让他世界各地的同事在他们的藏品中搜寻，希望能找到更多隐身节蛙的标本来进行描述，但一无所获。然而，在这篇描述发表一年后，罗汉普顿大学的两栖爬行动物学家西蒙·罗德（Simon Loader）突然发现了另一标本。2013 年 3 月，罗德在柏林参观柏林自然博物馆时，那里的两栖爬行动物藏品管理者弗兰克·蒂拉克（Frank Tillack）让他整理一些从东非收集到的、放在盒子里的标本。

盒子里的青蛙种类还未知。罗德仔细研究了它们。“当我看到这个标本和坦桑尼亚南部这个地点时，我想起在那里并没有发现多少大型节肢动物，”罗德说，“排除了它属于 *Arthroleptis stenodactylus* 最常见的物种这个可能性后，我知道这是个有意思的物种，可能是戴夫发现的新物种。”

罗德说对了。蒂拉克寄给我一张标本俯趴着，旁边放着一把尺子的照片。它的皮肤完全没有色素，呈透明的、奇怪的淡黄色，就像一个还没有上过色的塑料玩具青蛙。它由弗里德里希·富尔伯恩（Friedrich Fulleborn）于 1899 年 10 月 27 日收集。由于现存仅有两个已知的标本，这种青蛙的自然发展史仍是个谜。

“关于它的数据太少了，我们无法将它放入生命之树中。”布莱克本说。它孤零零地待着——为人所知，又不完全为人所知。即便如此，布莱克本仍认为有希望在坦桑尼亚崎岖不平的南部高地发现隐身节蛙。也许它还活着—— 一个数量少并且仍在减少的种群——生活在恩戈齐火山坑陡峭、长满树木的崖壁上。“我希望它还存在于某个地方。”他说。也许隐身节蛙从来没有冒险越过火山口形成的绿“坩埚”。也许，在数百万年的时间，它在那里慢慢成为一个物种，在那里生活，也在那里消失——它的一生都在火山坑度过。它仍然是个谜。

布莱克本说：“这种青蛙来自一个探索相对充分的地区。我们现在只有两个标本。它于 1899 年和 1930 年两次被发现。我们现在比那个时候更容易进入这些地区，当然也有生物学家定期造访该地区，但再也没发现它。”

布莱克本停顿了一会儿，然后平静地说：“某种意义上来说，它比霸王龙还稀有。”

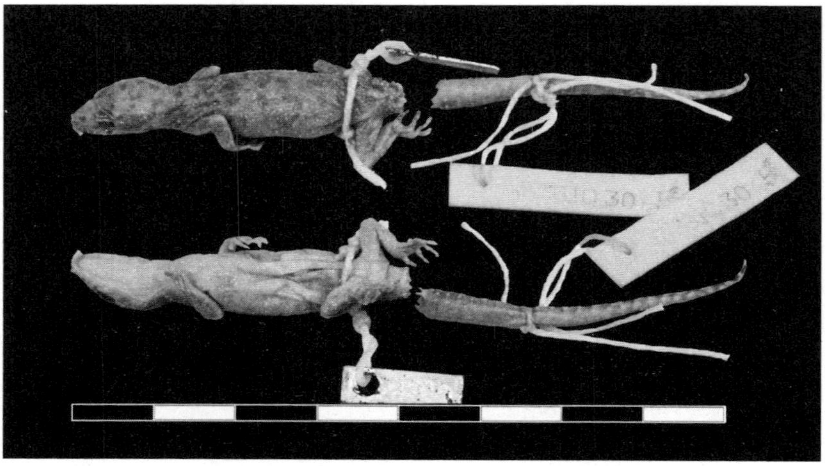

身体和断开的尾巴：史密斯隐身壁虎

（*Cyrtodactylus celatus*）

史密斯隐身壁虎（Smith's Hidden Gecko）是一种淡黄色的壁虎，身上有不规则的褐色斑点，虽然这些斑点现在已经褪了色，但仍然可以看见。它的皮肤布满皱纹，眼睛是铅笔芯一样的暗灰色。这只成年雌性壁虎的脚趾长且呈锥形，和其他壁虎的扁平、具有黏性的趾垫完全不一样。它的尾巴和身体其他部分分离。现在，它短小的身体末端像参差不齐的树桩，尾巴也断了。但不管身体到了哪里，尾巴也会跟到哪里。尾巴的中间绑着一段绳子并附有标签，这样标本的两部分就永远不会分离了。它的身上沿着身躯点缀着结节——疣状的凸起。亨力奇·凯泽（Hinrich Kaiser）说，这种特征并不常见，由此可以将其确定为一个新物种。

凯泽在英国自然历史博物馆工作时发现了这只壁虎，它被放在南肯辛顿达尔文中心一个装满酒精的小罐子里。南肯辛顿达尔文中心是一个令人印象深刻的8层现代主义建筑，形状像一个茧，飘浮在高大的玻璃边中庭里，似乎被超自然的力量控制着。凯泽就在两栖爬行动物学藏品中破解着蛇的谜团。这是一项缓慢而艰苦的工作：他把手伸进一个个装着黄色酒精的罐子里，将蛇取出来。有些罐子里有两三条甚至更多的蛇，它们像一串串圣诞灯一样缠绕在一起，修长而苍白的身体优雅地呈螺旋状盘旋在玻璃瓶上。凯泽把这些像绷紧的电线一样的蛇取出来展开，放在面前的托盘上。

凯泽是加州维克多谷学院的两栖爬行动物学家，该学院位于洛杉矶市中心东北 80 英里左右的维克多谷。他当时在伦敦研究来自东帝汶的蛇，他的大部分野外工作也是在东帝汶进行的。为了观察蛇，他从很远的地方来到这里，他的合作者也从德国赶来与他会面。

凯泽说："在大英博物馆时，你所看到的不只是一样东西。"凯泽将东帝汶的蛇展开并测量之后，转身问爬行动物馆的高级策展人帕特里克·坎贝尔（Patrick Campbell）："这里还有什么我们能用到的东西？"他们看到到处都是摆满了玻璃罐的架子，里面装着数以千计的两栖动物和爬行动物标本。"这就是你偶然发现新物种的地方。"凯泽说。

有一个装着壁虎、标签上写着 *Gymnodactylus marmoratus* 的罐子，罐子里除了壁虎皱起的身体和它飘浮的分离的尾巴，还有另一个在 20 世纪 50 年代用铅笔手写的标签：*Cyrtodactylus wetariensis*，这个标签更让人困惑了。但这两个标签和标本都对不上。

1924 年，马尔科姆·史密斯（Malcolm Smith）和妻子在马来群岛待了两个月，收集两栖爬行动物学和植物学标本。几个星期里，他们从一个岛到另一个岛，边走边采集标本。史密斯在东爪哇岛崎岖不平的绿色山区收集了红溪蛙；在印度尼西亚的苏拉威西岛登上了一座死火山——邦塞恩火山，在连绵不断的雨和雾中努力不懈地攀爬到空气稀薄的高处。在一篇描述这次旅行的文章中，他写道："生长在高山上部的树木都挂着长长的淡灰或白色地衣，给人极其寒冷的感觉。"

那时史密斯 48 岁。1902 年，他辞去伦敦查令十字医院外科医生的职位，前往曼谷，成为英国公使馆的医疗官员。他在泰国待了 20 多年，成为暹罗王室的御医。

史密斯还是一位业余的两栖爬行动物学家。1956 年，《生活》（*Life*）杂志刊登了一篇关于这位业余博物学家的文章，其中就有一张他老年时的照片：站在英国一个水及大腿的黑水池塘里，穿着花呢西装，戴着帽子，手里拿着一张滴水的蛙网。出生于 1875 年的史密斯是真正的维多利亚时代的科学家，他早年发表在《暹罗自然历史学会杂志》（*Journal of the Natural History Society of Siam*）的文章里体现了一种目前已不再使用的科学方法：这位科学家和他的忠实仆人们在人迹罕至的丛林中穿行，然后和少校在修剪整齐的体育俱乐部的草坪上喝下午茶。在 1913 年 9 月的一份题为《大金环蛇》（*Large Banded Krait*）的报告中，史密斯写道："一条特别巨大的金环蛇（*Bungarus fasciatus*）最近在曼谷养老院的院子里被杀，它被在天黑后外出打水的仆人踩了一脚，随后被前来救助的其他人及时杀死。"还有 1914 年一篇关于普通鼠蛇的文章："一天下午，一只鼠蛇在体育俱乐部的草坪上被杀死了，它是我见过的最大的。那时它已经在椅子下面占好位置，但这个位置就在人眼皮底下。它长 2.1 米，刚刚吃了 3 只大蟾蜍，这可能就是它为什么这次这么不小心。"

你甚至能从字里行间听到他的鼻息。最终，通过坚持不懈的努力，史密斯成为权威，业余爱好者成了专家。1926 年，他出版了一本关于海蛇的开创性专著，其中描述了许多从亚洲各地收集的新物种。

帝汶是澳大利亚北部北帝汶海的一个岛屿，位于小巽他群岛的南部弧段上，地理位置偏远，尚未得到开发，人类仍然难以到达。这片土地上分布着海岸灌木丛、雨林和稻田，它们几乎都分布在一个陡峭的斜坡上。帝汶分为两部分：西帝汶属于印度尼西亚；东帝汶于 2002 年成为一个主权国家。1520 年，葡萄牙声称该岛是其扩张领土的一部分。1640 年，荷兰人登陆该岛，占领了该岛的西半部，并把葡萄牙人赶到了岛东边。这个岛屿已经经历了几个世纪的动荡和不安，土壤中都是鲜血的烙印：欧洲殖民主义的入侵、东帝汶人民的抵抗，后来又是日本的占领、印度尼西亚入侵和游击队的抗争。数百年来，政治冲突一直让野外生物学家望而却步，使得物种分类产生了障碍：要正确了解东帝汶这样一个地方的动物群，生物学家首先必须亲自前往该地。到了那里，他们可能会遇到严苛和难以预测的情况——冲突、腐败、缺乏基础设施。我们有理由认为，形势稳定的地区比东帝汶等形势严峻的地区要更好调查。

1924 年 2 月底，史密斯到达西帝汶最大的城市库邦，但这里没有给他留下什么印象。他写道："东帝汶是一个人们去了会觉得失望透顶的地方，这是完全合乎逻辑的。对于爬行动物和无尾两栖类动物来说，在热带处于类似位置、拥有相似大小的岛屿，没有哪个比它还贫瘠了。"

尽管如此，他还是在那里发现并收集到了物种。这只壁虎来自距离古邦东北 35 英里的贾邦。当他在一个无数小溪穿流而过的树林中捕获它时，它的尾巴出于一种"自断"的防御机制被切断了。之后，史密斯把壁虎和它的尾巴连同他收集到的其他标本一起送到了自然历史博物馆。自那以后，壁虎一直待在那里，现在由达尔文中心的帕特里克·坎贝尔照管。

90 年后，亨力奇·凯泽发现了这种壁虎，并将其命名为 *Cyrtodactylus celatus*。这个名字来自拉丁语 celatus，意为"隐蔽的、覆盖的或隐藏的"。

壁虎的故事可以说非常常见了。这个标本被放在已经分类、使用合规的藏品中，但因为帝汶和邻近地区弯曲趾壁虎的分类并不清晰，有很多错误和不准确的地方，所以很长一段时间没被人发现。凯泽说："首先，早期的很多收集工作可能不是在完全准确的地点进行的。"

野外生物学家将典型地点记录为帝汶，但其实可能是这附近的一系列岛屿——比如罗特、萨武或阿洛这样的小礁岩，或是小到没有名字的地方。而且，标本保存在生物储藏库时有可能被错误地分类，和看上去相似的物种放在一个罐子里，或者被错误地标记，只归类到属，有时甚至连属都归错了，使人更加混乱。这个问题在全世界所有收藏中都普遍存在。在 2015 年 11 月发表于《当代生物学》的一篇论文中，来自牛津大学和爱丁堡皇家植物园的研究人员估计，多达 50% 的自然历史标本的命名是错误的。凯泽说，通常情况下，美国自然历史藏品的增长是因为某个对某一特定群体感兴趣的策展人进行探险并亲自收集了标本。但在欧洲却并非如此。

凯泽说：“每个富有的商人、药剂师和贵族都有自己的小古董柜。他们只是收集所有能收集到的东西。这就是早期欧洲藏品建立的背景。”据凯泽所说，德语和荷兰语国家的藏品尤其如此，还延伸到他们开拓殖民地的国家，比如东帝汶。

他解释道：“英国是国王。法国先是国王，然后是皇帝。欧洲的其他地方基本上都有伯爵和小国国王，每个人都想随心所欲地进行自己的收藏。实际上，有很多很多这样的小规模收藏。没有人真正了解他们收集的标本。这里面也有我们正在寻找和研究的一些东西。”

这些古董柜是第一批藏品，其中一些逐渐被纳入更大规模的藏品中，比如伦敦的自然历史博物馆的藏品。但如果一半的标本的名字都是错的呢？

自从 2002 年东帝汶建国以来，凯泽已经在那里进行了多次探险。在这里进行工作仍然很艰难。他说：“你需要翻山越岭、长途跋涉，才能找到点东西。晚上有时候会有满月，很可怕。”但在没有月光的和石油一样黑的夜晚，穿行于稻田和咖啡种植园就更可怕了：树栖蝮蛇、虫状盲蛇、大量的泡沫巢树蛙、稻田青蛙、巨蜥、楔形石龙子。凯泽也收集了更多的弓趾壁虎，其中大部分已由史密森学会收藏。他说，它们与史密斯于1924年在西部的贾姆布隆附近收集到的一种已经灭绝很久的物种的目前已知的唯一标本很相似，但并不完全相同。在最近的一次探险中，凯泽收集了大约12种新型弓趾壁虎的标本。他说："它们是全新的物种，博物馆根本就没有相关资料。"

为了确认他所收集的物种不是已知物种，凯泽将它们与已经存在于科学藏品中的模式标本进行比较，这个艰苦的过程可能需要数年时间才能完成。凯泽把大量有百年历史的壁虎标本排在一起，计算并绘制出它们的鳞片，拍下X光片以确定细微的骨骼特征——一项仍然可以在一个拥有90年历史的标本上进行的工作。但这个过程耗时很长。他说："把所有种类的材料都一一检查需要做大量的工作。"凯泽5年来穿梭于欧洲各地——伦敦、维也纳、莱顿——从一个系列藏品到另一个系列藏品，从锁着的柜子里取出正模标本。他仔细评估了数千只壁虎。在这个过程中，他发现了更多未确定种类的物种，到现在已经记不清发现了多少。我问他总数的时候，他安静地开始数，停了一会儿，又开始数，最后不得不放弃。

"有几十个。"他说，接着开始列举：几种青蛙、5个石龙子、1920年收集的壁虎，还有几条蛇——他说，其中一条是根据1937年8月在爪哇采集的单一标本描述的。"有一些来自法兰克福申根堡博物馆，还有一些来自维也纳的自然历史博物馆。我忘了有没有来自巴塞尔的。"

无论到哪里——在几十年前的罐子和小瓶里——凯泽都发现了未命名的弓趾壁虎。他说："我们发现了一个来自巴厘岛的新物种、3个在龙目岛看到的新物种、一个在几乎所有这些小岛上都能看到的新物种。把所有这些加起来——这还只是弓趾壁虎——就会发现我们最近总共收集了12个新物种，还有21个一直保存在博物馆里的物种。"

凯泽计划以东帝汶抵抗运动中被遗忘的英雄们的名字命名几种壁虎，但他还需要数年时间才能把它们全部描述出来。其他未命名的物种则在伦敦达尔文中心和世界各地的藏品中等待着被发现。凯泽也将继续前往东帝汶探寻，在漆黑无月的夜晚，沿着头灯在黑暗中反射的光线，在沿海的林地和荆棘灌木丛中搜寻新的物种。

无脊椎动物

顺带获得的珍宝：瘿蜂

（*Cynipoidea*）

2015 年 9 月，马修·巴芬顿（Matthew Buffington）驾驶着一辆装有空调的雪佛兰货车向东行驶，窗外炎热难耐。在美国亚利桑那州南部，山丘和台地红橙相映，在车的两边缓缓延展。巴芬顿是寄生性瘿蜂的专家，也是美国农业部系统昆虫学实验室的昆虫学家。他通常待在华盛顿特区的美国国家自然历史博物馆的实验室里，但在 2015 年夏天结束后，他进行了一次自驾游。

他说："我开着我们的实验用厢式货车，从华盛顿特区到加州学院，沿途收集了很多重要藏品，大量存放在酒精里的标本无法托运。我不停地把这些东西搬到车上，我来这里的部分原因是去参观我从未见过的藏品。"

巴芬顿在两周内开了 7 000 多英里：从华盛顿特区向西，穿过整个美国到达旧金山，向南几乎到了墨西哥边境，然后又回到华盛顿特区，又进行了一次路途遥远的、环绕美国的征程。巴芬顿的厢式货车后面存放着大约有 350 万件来自马达加斯加和其他难以到达的地方的昆虫标本，大部分是黄蜂和甲虫，是他几天前从旧金山的加州科学院带回来的。巴芬顿说，评估它们都要花费总共数年的时间，更不要说把它们都进行描述和确认特征了。

但是，当巴芬顿向东驱车穿过图森市，到达得克萨斯州的大学城，又到达密西西比时，他想起了犹他州的洛根。洛根是犹他州北部的一个小镇，就像整齐有序的网格，横跨过平坦的山谷。她位于爱达荷州南部边界附近，东面被瓦萨奇山脉——一个从谷底陡然升起的、向南延伸近200英里的低矮的山峰带——的北部边界所包围。洛根的东侧是犹他州立大学的校园，从这里可以将山脉尽收眼底。美国农业部的蜜蜂研究机构也在洛根，那里有着世界上最大的蜜蜂标本藏品库。“它太庞大了，令人难以置信。”巴芬顿说。他去洛根是为了收集一个同事最近在玻利维亚、秘鲁和西南部沙漠收集到的、保存在酒精中的标本。他说：“然而当我到达那里时，他多多少少还没做好准备。冰箱一团糟，东西都杂乱无章。”

在对一个管理不善的冷库进行了短暂的整理之后，巴芬顿决定查看一下被钉住的蜜蜂和黄蜂标本——它们都被昆虫专用的别针别住了。

2015年，就在他的自驾游之前，他和他的同事们在《动物之谜》(*ZooKeys*)杂志上发表了一篇关于非洲热带瘿蜂（一种数量多且多样化的小型黑翅昆虫）的长达177页的长篇专题论文。为了完成这项工作，他们观察了世界各地收集的标本，包括柏林、布鲁塞尔、布达佩斯、开普敦、汉堡、伦敦、内罗毕、巴黎、旧金山、斯德哥尔摩、华盛顿特区等地，并将其作为重要依据。它们来自世界上最广博、历史最悠久的藏品库，而不是来自像犹他州洛根这样不可思议的地方。尽管从这些藏品库中借来了数百个标本，但有几个先前描述过的非洲热带瘿蜂物种却不见了。巴芬顿虽然知道它们是存在的，但不能把它们写进专著中。瘿蜂实在是太稀有了，他找不到具有代表性的博物馆标本。

再说回洛根，巴芬顿说：“我在橱柜里搜寻，找到了自己感兴趣的藏品，然后就把抽屉拉出来。”很快，他就对专门存放瘿蜂的抽屉数量感到惊讶。他说，大多数中等大小的昆虫藏品，可能都有几个装满了标本的抽屉。巴芬顿说：“有500～2 000个标本，相对于我们的目标，这还太少，太微不足道了。

这样的想法基本上是事后诸葛亮。在洛根大概有 20 个抽屉的瘿蜂标本。”

巴芬顿像研究人员在图书馆书架上浏览书籍一样，在不同属之间浏览标本，然后找到了未分类的材料。他说：“这里有来自撒哈拉以南非洲各地的大量标本，大部分来自莫桑比克、南非、安哥拉——最近还没有人去这些地方收集。收集者都是蜜蜂实验室的工作人员，他们走遍世界各地收集蜜蜂。在这种情况下，他们似乎把所有东西都保留了下来。他们没有丢弃或忽视非蜜蜂的昆虫，而是把它们都带了回来。”

大部分标本收集于 20 世纪 50 年代和 60 年代。还有更古老的标本，最古老的是在 1923 年收集的。

瘿蜂是膜翅目昆虫的一种，包括蜜蜂、黄蜂、蚂蚁和锯蝇。它们很小，和人们提起黄蜂时想到的那种典型的黑黄条纹昆虫一点也不一样。相反，它们是黑色的小飞虫——大多数只有几毫米长，最大的也只有 8 毫米长。它们不会叮人。和所有膜翅目昆虫一样，瘿蜂虽然有一些差异，但特别的解剖学结构都是一样的——有复眼的头部；包括胸部、翅翼和第一节腹部的中躯；最后是后体，也就是体积较大的腹部后段。

这组动物可以分为 5 类，洛根那些未分类的成千上万的标本只归类到科。

瘿蜂是寄生物种。雌性瘿蜂用产卵器将卵产在一株植物正在生长的部位，然后这株植物上就会形成瘿，植物的结构也变得非常独特，但这个过程目前还不清楚。瘿由植物组织构成，但受到瘿蜂的控制。从本质上讲，瘿蜂利用植物的构造来形成一个保护结构。弱小的瘿蜂幼虫在一个内部空间里安全成长，利用瘿和它的内容物作为庇护所和食物。

不同种类的瘿看起来是不同的。因栎丽瘿蜂（*Callirhytis cornigera*）形成的一种生长在橡树树枝上的木质瘿，看起来像一个光滑的圆形坚果，以奇怪的方式包裹在木头周围。孤雌生殖瘿蜂（*Andricus foecundatrix*）在夏栎（*Quercus robur*）的叶芽中产卵。在树枝上，一个花蕾被普通的叶子包围着，开始扭曲，生长在其中的昆虫迫使着自己变形，长成一个绿色的凹槽结构，就像一个微型朝鲜蓟。秋天，虫瘿和树叶一起掉到地上，幼虫在树下过冬。春天，成熟的黄蜂出现。瘿的种类不胜枚举。常见的五角蜂（*Neuroterus quercusbaccarum*）造成的瘿是在橡树叶的底部覆盖上紫色的小圆盘，就像飞溅的油漆。蔷薇瘿蜂用像长满苔藓的绿色针垫一样的瘿感染野蔷薇。瘿内部的木质核心包含几个腔室，每个腔室都有一个幼虫。其他瘿有的看起来像一片片黄色的珊瑚，有的看起来像带有奶油色螺旋条纹的褐色豌豆，有的看起来像挂在叶子上的棕色小水滴。灌木橡树上的啄状细枝瘿蜂（*Disholcaspis plumbella*）在树枝上形成鲜红的几乎是正球形的瘿，瘿上覆盖着蛋黄色的斑点，顶端还有一个突出。

并不是所有的瘿蜂都会形成瘿。事实上，巴芬顿对这个大家庭中的物种特别感兴趣，因为其中有很多蜂寄生于其他昆虫，它们把卵产在幼虫身上，使这些昆虫在不知情的情况下成为宿主。有些时候，寄生蜂被有意引入农业生态系统，通过杀死害虫来保护有价值的作物。巴芬顿认为这些物种是对付农业害虫的有力武器。

还有高寄生性瘿蜂，它们寄生于寄生虫中。雌性依靠长而灵活的产卵器把卵产在被占领的瘿的内部，当卵孵化时，幼虫以已在瘿内形成的成瘿幼虫为食。

洛根的标本都是钉好的：一根大头针穿过从纸板上剪下来的等腰三角形的底部，标本的一侧粘在离大头针最远的角上。这种方法稳固地支撑住标本，让昆虫学家能够看到标本的各个面。瘿蜂被保存在扎着一大堆大头针的盒子里。到处都有盛着像小而圆的坚果的虫瘿的容器。瘿蜂体形太小，人们无法通过肉眼观察到它们在解剖学上的细微差别，但在显微镜下，瘿蜂却十分美丽：通体黑色，呈流线型，就像一架微型战斗机；它那短而带翼的胸部在头部后方陡然升起，与光滑而厚实的多节腹部相接；后体像涂了清漆一样发亮。有些种类腰部较窄——后体通过一个长而细的腹柄连接在瘦长的中躯上，头部两侧的复眼像铬网一样闪闪发光。当巴芬顿看到每个标本下面标签的采集地点数据时，他惊呆了。他说："我本来以为只能看到犹他州、爱达荷州、怀俄明州，没想到还看到了德兰士瓦、西开普。"

就在他看到它们——那些粘在三角形硬纸板上的小黑点——的那一刻，巴芬顿知道他看到的是许多新物种。"我打开抽屉时首先关注的一件事就是它有多满。这能告诉我有多少标本已经经过整理。如果空间充裕，就表明分类工作积压得不多，也表明大部分已经被确认种类。"

巴芬顿立刻注意到一件事：这些抽屉已经被收拾好了。这里的物种种类多得令人难以置信，从瘿蜂家族中最大的瘿蜂到几乎小得看不见的瘿蜂。他说："这说明这个收藏十分全面，不止关注一个方面。它不单收藏一类，而是应有尽有。"事实上这个藏品库就连他 2015 年论文中没有写进去的稀有物种也包括在内。"这是一整个我没有写进论文的属，因为我们一直找不到任何代表标本，而现在我们在犹他州发现了收集于 20 世纪 40 年代的西开普的这些标本。你知道吗？我从来没想过有这样的事。"

美国国家自然历史博物馆昆虫系拥有 3 500 多万份昆虫标本。其中的一些藏品——据估计甚至是大部分藏品——难免仍然无人知晓。大型昆虫收藏也是这样。巴芬顿说："说到数量，我们只知道大约 10% 的昆虫的名字。博物馆里很有可能有一些没被描述的标本，它们仅仅是数字而已。"

而巴芬顿喜欢这种可能性。"我去大英博物馆时对他们发现的东西不是很感兴趣。那些东西通常是错误的，标签疑点重重。有个标签的地点数据写着‘阿根廷，1990 年’——从科学角度上讲，这几乎是一个无用的标本。”

相反，他去一些存放着连名字都没有的标本的抽屉和柜子里进行观察。他说 :“真正的实地考察，发现新事物的那一刻，都发生在我们所说的未分类的材料中。我们大多数人都花时间在四处参观藏品，因为我们知道，我们确实知道去到那里就能看到一些未被描述的东西。”话说回来，洛根的藏品是未分类的瘿蜂总科还没被开发的宝库。这种发现在职业生涯中只会有一次。巴芬顿说 :“这些标本其实是顺带采集的。虽然它们不是目标的物群，但被保留了下来。而且它们不仅是被保留了，还被钉起来并附上标签。”

与许多其他标本不同，昆虫标本如果妥善储存和保养，是能保存很久的。他说 :“由于角质层的存在，它们可以保存得非常好。只要一直保持干燥并避开阳光，昆虫标本可以保存 150 年之久，在初级研究中仍然可以使用。”

这些标本不仅完好无损，而且是原始标本。离开洛根时，巴芬顿把它们装进货车，小心翼翼地盖上毯子，然后继续驱车前行。他还有数千英里的路要走:向西北到达爱达荷州的博伊西装运更多的标本;到科瓦利斯、俄勒冈州，继续收集标本。几天后，他又从加州科学院获得了数百万件从马达加斯加采集的昆虫标本。亚利桑那州和新墨西哥州依旧酷热难挡，得克萨斯州、密西西比州、田纳西州，就连华盛顿特区也是热浪滚滚。

巴芬顿总共从蜜蜂实验室的藏品中借了大约 5 000 件瘿蜂标本。据估计，在世界范围内有 3 000 种瘿蜂。他估计在他位于华盛顿特区实验室的抽屉里有数百种未被描述的物种，现在它们等待他来研究。他说 :“可能有 250 个新物种，两到三个新属。”没有人知道它们在洛根，这又是一个分类上的障碍如何延缓进展的例子。

巴芬顿说 :“如果生命是美丽而完美的，世界上每一件标本都存储在一个巨大的中央计算机系统中，我就能知道它们在哪里。我们只是没有足够的人力来建立这些数据库。我们在很大程度上仍处于 19 世纪的藏品鉴别模式。你可能会认为，既然这些藏品是人建立的，这些物种应该已经为人所知了，但其实并不是。”

相反，巴芬顿的工作永无止境。这取决于前人的工作，而且永远做不完。他说 ：“坦白说，如果没有这些收藏，我不可能完成自己的研究。”即使是保存得最好的藏品库都有大量未经分类、鉴定的标本。“不为人所知的东西仍然存在，这点让人倍感欣慰。”

Yours truly – Taken Sept. 8/39 (38?)
On cliffs above the Pastaza about 3 miles
to the north west of Baños – The two
young folks are Segundo Velastegin and
his 16 yr. old sister Rosario. The Velas-
tegin family have been my helpers
for the past 16 years. Mac.
(Wm Clarke-Macintyre)
(From reverse of photo.)

拟态生物：闪电蟑螂

（*Lucihormetica luckae*）

彼得·弗恰安斯基（Peter Vršanský）在寻找南美蟑螂。但他没有去南美捕捉；相反，他在华盛顿特区的美国国家自然历史博物馆昆虫学系的蜚蠊目藏品中寻找。

弗恰安斯基从他面前这个装了大约 100 个标本的盒子里拿出一只蟑螂。他把它翻过来，在昏暗的灯光下细致地观察它栗色的身体。他说，这是一种来自厄瓜多尔的荧光蟑螂，也被称为发光斑蟑螂。2012 年，身为斯洛伐克科学院研究员的弗恰安斯基在布拉迪斯拉发将其命名为闪电蟑螂（lightning cockroach）。

它的头顶上是一个深棕色的卵形斑块，被两个并排的淡色大圆圈切断，在荧光灯下发出明亮的光，就像两个奇怪的灯泡，弗恰安斯基称之为“大灯笼”。闪电蟑螂变成了发出亮光的灯塔。它们下面还有一个小得多的发光的斑点，只在一侧有。它的背上有两条沿着身体外边缘的黑色条纹，第三条对角线沿着它的背部在前翼处穿过两条黑色条纹。它坚韧的前翼起保护作用，整齐地重叠在一起，一边的翅翼在另一边的上面。在荧光灯下，这些条纹仍然是黑色的，与会发光的身体其他部分形成对比。

弗恰安斯基在华盛顿花了一整个月研究从科罗拉多绿河组地层中挖掘出

土的蟑螂化石。他之前根据前标本化石描述过几种蟑螂，包括一些来自格林河遗址的蟑螂。在华盛顿的最后一天，弗恰安斯基前往昆虫部门检查蜚蠊标本——现存蟑螂的死亡标本，在那里他发现了古老却没有名字的蟑螂标本。弗恰安斯基说，它发光是一种保护性策略，也是一个拟态的例子。有这些发光灯笼的蟑螂已经进化得和拥有在晚上发光的生物性发光标志的火甲虫（*Pyrophorus beetles*）非常相似。它们被称为叩头甲（click beetles），对捕食者来说是有毒的。蟑螂本身没有天然的防御能力，但它进行了创新，模仿了叩头甲。一只在黄昏时分感到饥饿的鸟在无法分辨蟑螂和有毒的荧光叩头甲的情况下，可能会选择避开蟑螂。

迄今为止唯一一件已知标本是在厄瓜多尔做了 30 年野外收藏家的神秘的美国收藏家威廉·克拉克 - 麦金泰尔（William Clarke- Macintyre）在 1939 年 5 月 5 日收集的。克拉克 - 麦金泰尔住在通古拉瓦省巴尼奥斯，位于通古拉瓦火山山脚下，海拔 1 820 米。从新泽西搬到巴尼奥斯之后的几十年里，他一直生活在厄瓜多尔中部藤蔓丛生的丛林边缘，经常和当地一个专门的收藏者团队在杂草丛生的丛林中消失数月。他在热带雨林中为美国生物学家收集标本。在他的个性信纸的顶部印着这样的文字："威廉·克拉克 - 麦金泰尔——自然标本野外收集者——接受所有收集订单——提供订制服务。"在这一页的右上角有一行较小的字体："目前在厄瓜多尔安第斯山脉东坡做收集工作。"

有一张大约是这个时候拍摄的照片。照片里，58 岁留着胡子的克拉克 - 麦金泰尔面带微笑，坐在斜坡中间，戴着一顶平顶帽子，穿着一件夹克，臂弯里搁着一张长柄的捕网。在他身后的远方是一个陡峭的斜坡，再后面是云雾缭绕的山峰。一个女孩坐在他旁边，脸模糊不清。顺着斜坡向下有一个仰着下巴的男孩。照片下方写着：

敬上：

摄于9月8日/39（38？）年，在巴尼奥斯西北约3英里的帕斯塔萨悬崖上。那两个年轻人是塞贡多·维拉斯特金和他16岁的姐姐罗萨里奥。维拉斯特金一家在过去的16年里一直是我的帮手。你的哥们儿。

（威廉·克拉克-麦金泰尔）

从巴尼奥斯的居住地到东科迪勒拉山，克拉克-麦金泰尔收集到的不仅仅是蟑螂。综合数字化生物采集数据库的一项线上研究显示，世界各地生物数据库的标本有超过1 700个是由克拉克-麦金泰尔采集的，最早的收集于1917年，最晚的收集于1948年。他跋涉的疆域之广令人难以置信：最北端的是1942年4月在哥伦比亚金迪奥省，在那里他收集了一种叫栗顶蚁鸫（*Grallaria ruficapilla*）的鸟；最南端的是1937年5月在秘鲁南部阿雷基帕附近，在那里他收集了一只紫冕蜂鸟（*Boissonneaua jardini*）。从金迪奥开车经过泛美高速公路到阿雷基帕要行驶2 371英里，要连续行驶57个小时。而克拉克-麦金泰尔工作时，这条道路还不存在。他什么都收集：蝙蝠、蜜蜂、负鼠、毒箭蛙、灵长类动物、兔子、蛇、蜘蛛、棘尾鼠、松鼠、蟾蜍、树蛙和黄鼠狼。他不停地收集鸟类，不过主要是专门收集昆虫，尤其是蜻蜓、豆娘和大蚊（*Tipulidae*）。他在亚马孙河的源头和支流中，沿着安祖河和阿拉胡诺河寻找新的物种。他前往高处的村庄，穿过青苔覆盖的森林，来到洋古拉（Yungilla）上方的里奥布兰科，又到了通古拉瓦东北边的鲁图；划着独木舟沿着里约热内卢帕斯塔扎河来到阿比塔瓜，在那潮湿多沼泽的地方进行收集。他越过雪线，就像穿过一堵白墙，来到另一个世界——通古拉瓦树木稀少的巴拉莫。

数十年来，他把装满昆虫的盒子寄给俄亥俄州立大学的昆虫学家克拉伦斯・肯尼迪（Clarence Kennedy），每个标本收取5美分。克拉克-麦金泰尔和肯尼迪已经保持了几十年的联系，这是一段以昆虫为桥梁的高尚友谊。1936年9月，在开始为期5个月的雅库依河探险之前，克拉克-麦金泰尔在给肯尼迪的信中写道：

我知道在我计划于12月、1月和2月探险的地方从来没有人收集过昆虫学标本，所以应该会看到很多各种类非常有趣的生物。我带了大量的小玻璃瓶、酒精、甘油、高氯酸汞和乙酸、防腐剂溶胶、可邮寄试管等，并很小心地往放着昆虫的瓶子里放进了一些草，希望它们能完好地到达你的身边。这趟旅行中我要收集很多种类的物种——大蚊、蜻蜓、水生半翅类昆虫、姬蜂、食虫虻、角蝉、鞘翅目和鳞翅目昆虫，还要为菲尔德博物馆收集爬行类和两栖类动物，为卡尔·乔丹收集了跳蚤，所以我会非常忙碌，但我有非常得力的“场上助手”——6名优秀的当地收集者，还有一个跟了我3年左右的印第安男孩，所以我希望能获得比之前更好的结果。

1939年，克拉克-麦金泰尔收集闪电蟑螂的时候，厄瓜多尔政局动荡，最终动乱影响了他的收集工作。1939年1月，克拉克-麦金泰尔试图进入东科迪勒拉山地区时，因为被怀疑是秘鲁间谍而被当地军方拘留。他给肯尼迪写道：

我到达基多后去了美国公使馆，抱怨我在奥连蒂受到的待遇，那里的军官——对一个男人来说——似乎对收藏家恨之入骨，如果收藏家是美国人的话就恨意更甚。（秘密：如果我的名字碰巧是乔瓦尼·斯帕盖蒂，或者弗里茨·冯·斯维洪德，我的护照上盖有朋友希特勒或兄弟墨索里尼而非自由的土地或新政的发源地的政府印章，我就不会遇到任何阻碍。）

克拉克-麦金泰尔不能去更远的地方冒险，只好待在巴尼奥斯，蹲守在火山的山脚下。5 000多米高的通古拉瓦火山像一个宏伟、宽广的圆锥体，像一个沉默的绿色的神灵一样笼罩着巴尼奥斯。在奇楚亚语中，通古拉瓦是“火的咽喉”的意思。1938年10月6日，他给肯尼迪写道：

我近期的计划很不确定。厄瓜多尔的政治局势非常动荡不安，在事态稳定之前我不愿意冒险去往离巴尼奥斯很远的地方。现在，外国人几乎不可能拿到进入奥连蒂的护照。布朗和我正计划前往厄瓜多尔西北部的帕拉姆巴和南部的洛亚，但我们都不想在即将到来的总统选举结束并稳定下来之前开始。与此同时，我们可能会定下在通古拉瓦山坡和巴尼奥斯周围采集的日程。

几个星期的动乱慢慢稳定，克拉克-麦金泰尔在“火的咽喉”里搜寻标本。1939年5月1日，他从巴尼奥斯附近收集了几种蜂鸟。4天后，他在城镇上空隐约可见的火山上弯腰拾起蟑螂。

2010年，通古拉瓦火山突然爆发。根据熔浆范围，闪电蟑螂这个物种可能在那一瞬间就灭绝了。熔岩从山坡上倾泻而下，火山脚下的巴尼奥斯迅速疏散。从此，这座火山一直保持活跃，定期喷发。闪电蟑螂目前的状况尚不清楚。也许世界上还留有一件标本，在布拉迪斯拉发的斯洛伐克科学院由弗恰安斯基借用。

20 多年来，大卫 · 弗斯一直是美国国家自然历史博物馆昆虫系的收藏管理人，已于最近退休。他确信这些藏品中仍有未命名的蟑螂品种——他估计这些藏品中有 10 000 ～ 20 000 件蟑螂标本。但是，弗斯说，蟑螂的收集品现在基本上是接触不到的，这是一个对于分类学家来说常见的障碍。他说："因为缺少员工，也没有雇用更多员工，我们的部分藏品已被封存。有些人称之为'失活'。在昆虫学部门，包括我们的合作伙伴美国农业部和国防部中，没有人对蟑螂感兴趣，所以所有直翅目昆虫藏品，包括蟑螂在内，在某种程度上都是不开放的。"

弗斯估计，近几十年来，昆虫学系的藏品管理人员数量已经减少了近一半。从藏品中已"失活"的部分借用材料已经是不可能的事。尽管保存得很好，但藏品已被无限期地深层封存起来。如果自然科学藏品就像一个图书馆，那么"失活"就像把书从书架上拿下来，把它们装进盒子里，然后把盒子封上：图书馆实际上已经关闭了。2015 年 8 月，弗恰安斯基开始为期一个月的厄瓜多尔实地考察。两个独立的研究小组进入一片杂草丛生的丛林中。这片丛林和克拉克 - 麦金泰尔搜寻标本并开始在寻找野外的发光蟑螂的丛林是同一片。这里每天都下雨，高海拔地区经常又湿又冷。但是这次探险很成功。弗恰安斯基说："目前我们已从厄瓜多尔获得 13 种新物种，每一种都有一个单一标本做代表。"

在通古拉瓦火山东北约 100 英里处，另一座雷文塔多（El reventador）——意思为破坏者——的火山，从潮湿的丛林地面上拔地而起，就像一座绿色的金字塔。在探险期间，弗恰安斯基在雷文塔多火山和其他附近的火山寻找标本。一个月来，他每天晚上冒雨上山，打着手电筒，穿过潮湿的落叶，在火山中进行观察。在山坡上黑暗潮湿的地方，他看见蟑螂快速穿梭，就像一盏盏秘密发亮的小灯笼。

潜于虫群之下：达尔文隐翅甲

（*Darwinilus sedarisi*）

1832 年 8 月 24 日，小猎犬号（HMS *Beagle*）停靠在布兰卡港（Bahia Blanca）。船上有一位 23 岁的博物学家查尔斯·达尔文（Charles Darwin）。自 1831 年 12 月 27 日小猎犬号离开普利茅斯以来，他一直在海上航行。在这 8 个月的大部分时候达尔文都晕船，无法行动。有一次，由于晕船而呕吐不止的他悲伤地盯着下面长而缓慢的、让人无处可逃的大浪，写道："接下来的 3 天我经历了巨大的、无休止的痛苦。"

在到达布兰卡港的几天前，达尔文已经把第一批标本运回了剑桥，其中有 4 瓶保存起来的动物、岩石和热带植物、几种海洋动物，还有许许多多甲虫。然后，达尔文在布兰卡港的海边继续收集标本。在这些标本中，有一种不同寻常的大体积的隐翅甲虫，它身体较长且分段，头部呈斑斓的蓝绿色。达尔文还在那里的港口附近的沙地上发现了许多动物化石，他在《小猎犬号科学考察记》（*The Voyage of Beagle*）中详细描述了这些化石。后来他把所有的东西都送回了英国。

但是，那只隐翅甲虫不见了。2012 年，在达尔文于阿根廷收集它过去 180 年后，田纳西大学查塔努加分校的昆虫学家斯特利奥斯·查兹曼诺利斯再次发现了它。他说："这种甲虫令人印象深刻。"最关键的一点是，作为隐翅甲来说，它体形很大。它长而灵活的分节腹部使它看起来像一只闪亮多彩的大蜈蚣，但它并不是蜈蚣。它的大小与众不同，外观也是如此。他说，大多数隐翅甲都是深棕色或黑色的，而这只甲虫有一个斑斓的蓝绿色的脑袋。其他关键的形态学特征也很突出。查兹曼诺利斯说："它有我们所说的像锯子一样的锯齿状触须。这在它所属的亚族的其他种或属中是看不到的。"

鞘翅目是一种包括所有甲虫的动物目，由40多万种已知物种组成。相比之下，包括所有脊椎动物——鱼类、两栖动物、爬行动物、鸟类和哺乳动物的整个脊索动物门已知物种只有6.5万个。在鞘翅目中，隐翅甲属于甲虫的一个科：隐翅甲科。它本身就是一个庞大的甲虫群，大约有60 000种已命名的甲虫，没有人能知道这里面全部的甲虫。从分类上看，隐翅甲科可以进一步分为几个亚科，亚科又可以分成族，族被划分为亚族，亚族又分为属和种。

查兹曼诺利斯是昆虫的系统学家，不是一个通才。他就像一名制图师，当被要求绘制一个不断扩张的超大城市时，他会通过最细微的细节来绘出郊区的每一栋建筑和每一条街道，剩下的部分则完全空白。他专门研究一种名为 *Xanthopygina* 的甲虫亚族。2012年2月，查兹曼诺利斯正在对 *Trigonopselaphus* 属进行修订。*Trigonopselaphus* 是一种相对较小的新热带隐翅甲类群，隶属于 *Xanthopygina* 亚族。分类学家着手修订一个属时经常会发现新的物种。他们发现了不同之处：之前被错误鉴定、错误地归到属的标本被重新分类；几个已命名的物种被发现是同一物种，很多分类学家已经对此进行了一次又一次的描述。曾经被命名并与其他物种归到同一个属的物种被重新拿来分类。为了进行修订工作，查兹曼诺利斯向英国自然历史博物馆借出所有未详细说明的 *Trigonopselaphus* 标本。这些标本是装在一个小盒子里邮寄来的，盒子里有24个被钉住的甲虫标本，都被认为属于 *Trigonopselaphus* 属，其中被错误归类的是达尔文于1832年在布兰卡港收集的标本。

甲虫突然又出现了。发现在小猎犬号第一次航行中收集的原始达尔文标本的重要性，怎么说都不为过。

但是，在 180 年的时间里它去了哪里呢？

达尔文是一位热情的鞘翅目昆虫学家，从小就开始收集甲虫。在自传中，他回忆了自己还是剑桥大学学生时捕捉甲虫的经历："这件事足以说明我对甲虫的热情：有一天，在剥下一些旧树皮时，我看到两只罕见的甲虫，于是我两只手各抓起一只；接着我看到了第三只，那是与前两只不一样的新甲虫。我实在不忍心放弃它，于是就把右手拿着的那只塞进嘴里。啊，它喷出了一种辛辣的液体，灼伤了我的舌头。我不得不把那只甲虫吐了出来，然后它和第三只甲虫就都溜走了。"

也许，当他在布兰卡港用半握起的拳头捧起那只弯弯曲曲、快速移动的绿头甲虫时，便想起了那个时刻。20 多年后的 1858 年，在给植物学家 J. D. 胡克（J. D. Hooker）的一封信中，达尔文写道："当我读到有关捕捉稀有甲虫的消息时，我就觉得自己像一匹听到号角声的老战马。"

无论如何，达尔文在 1832 年收集的那个甲虫在某个时候失踪了，消失在建立了几个世纪、包含数以百万计的其他昆虫的巨大收藏中。1987 年，它被列入《达尔文的昆虫：达尔文的昆虫学笔记》（*Darwin's Insects: Charles Darwin's Entomological Notes*）。达尔文甚至还给了它一个标本编号：708。但它就这样不见了。寻找它就像在高耸的干草堆中寻找某一根特定的稻草。查兹曼诺利斯说："英国的自然历史博物馆不是一个小地方，那里有成千上万的标本。如果你把东西放错了地方，再找到它的可能性几乎为零。"

但在 2008 年，哥本哈根大学的昆虫学家阿列克谢·索洛多夫尼科夫（*Alexey Solodovnikov*）做到了，他再次发现了这种甲虫。索洛多夫尼科夫是一名甲虫专家，他在英国自然历史博物馆翻阅未分类的隐翅甲科材料时发现了这种甲虫。在简单的观察后，他给它挪了位置，暂时与其他未分类的 *Trigonopselaphus* 材料错误地放置在一起。它在那里又待了 4 年，直到查兹曼诺利斯借出标本后被错误地送了过去。

查兹曼诺利斯说："它是以未被分类的 *Trigonopselaphus* 标本被送到我这儿的。"那个时候，他是世界上为数不多的，也许是唯一一个一眼就能看出那只甲虫放错地方的人。他说："我能够很轻易地发现它不是 *Trigonopselaphus*，这是个新物种。"之后他意识到这是一个达尔文收集的标本。

找到甲虫并发现它是达尔文收集的一个曾经遗失的标本只是漫长旅途中的第一步。他把对 *Trigonopselaphus* 属的修订工作放在一边，将关注点转向描述这只曾经消失的甲虫——它那不寻常的锯齿状触角在闪闪发光的头部前方弯曲着。

他告诉我："甲虫本身的非典型性并不能保证它会被描述为一个新物种。尝试描述一个新物种必须跨越的最大障碍是找到它的属，这对分类学家来说是最困难的。我们首先必须研究所有被描述过的物种，这样当我们看到新物种时，我们就能认出它是新的并对它进行描述。"

2014 年 2 月，查兹曼诺利斯给这种甲虫取了个学名叫 *Darwinilus sedarisi*，并在《动物之谜》杂志上发表了他的发现。它是以达尔文和作家大卫·塞达里斯（David Sedaris）的名字命名的，查兹曼诺利斯在撰写描述时听了大卫·塞达里斯的有声书。在给新物种命名之前，他广泛地寻找另一种标本——一个和正模标本一起描述物种的副模标本。最终，他在柏林自然博物馆的部分藏品中找到了。第二个标本就和第一个一样神秘，它有一部分被解剖了——的的确确被损坏了。令人难过的是，它腹部的深棕色部分被分开吊起，就像破烂的手风琴风箱；受损的叠起来的翅膀尖端清晰可见。其保存状况很差，但毫无疑问是另一只达尔文隐翅甲。它是由一位名叫布鲁尔的收藏家在阿根廷位于布兰卡港以北近 500 英里的科尔多瓦市的里奥夸尔托收集到的。细节部位都已经损坏了。布鲁尔一定是在 1935 年以前收集到的，德国昆虫学家沃尔特·霍恩（Walther Horn）的一本书中提到了这一点。据查兹曼诺利斯所知，这个标本可能有 200 年的历史。如果维护得当，昆虫标本可以保存数百年；英国自然历史博物馆的昆虫学藏品有可追溯至 17 世纪的昆虫标本。最古老的已知昆虫标本——一个收集于 1702 年的云粉蝶（*Pontia daplidice*）标本作为霍普昆虫收藏的一部分，被保存在牛津大学自然历史博物馆。查兹曼诺利斯说："如果你用一根大头针穿过它们，把它们晾干，它们就不会被真菌感染，可以像这样保存很长很长时间。"

直到最近，标本还被储存在萘——一种被怀疑会致癌的物质里面——以防害虫的破坏。如今，所有昆虫藏品都被周期性地储存在温度极低的环境中，以杀死所有蛀虫和它们的卵。尽管昆虫标本可以很好地保存，但仍需要持续的保养。他说："你不能想当然地认为博物馆柜子的盒子里的标本会完好无损，并能保存很多年。实际上还需要有人来保养。"

自达尔文收集甲虫标本以来的 180 年里，它的栖息地发生了巨大的变化。地貌已经被人类改造，经历了重整、砍伐、耕种，以深刻的方式发生改变。查兹曼诺利斯不知道这种甲虫是否还存在。经过努力在其他藏品中寻找标本之后，他怀疑这种甲虫已经灭绝了。他说："这种甲虫生活的地区已经被改造成农田。如果这是一种栖息地分布狭窄的物种，那它就已经消失了。"

查兹曼诺利斯说，在博物馆藏品中发现一个未被描述的物种并不是一件很特别的事情。据估计，只有四分之一的现存昆虫物种被描述和命名，这在意料之中。数以百万计的昆虫物种仍在等待描述——在自然历史博物馆的藏品中等待着被发现和命名的标本数量未知。他平静地说："我坐在办公室里，身后是一个有 20 个抽屉的柜子，里面可能有 100 多种新物种。"

遥远战争的战利品：刚果长尾蜓

（*Gynacantha congolica*）

比利时的中非皇家博物馆建成于 1910 年，坐落在比利时布鲁塞尔郊区特尔菲伦的一座山顶上，看上去就像一块壮观的新古典主义石板。这座博物馆由利奥波德二世国王建造。他于 1909 年去世，没能来得及看到博物馆的开放。这座博物馆的建立有一个特别的目的：展示利奥波德在比属刚果的血腥的战利品。比属刚果是撒哈拉以南非洲最大的国家，现在被称为刚果民主共和国。

1885—1908 年间，利奥波德二世领导了一场血腥的殖民运动，利用刚果的自然资源为国内的宫殿和市政工程建设提供资金。首先，是从大象身上收集象牙，因此成吨的象牙被运往欧洲。大象的尸体就像一艘艘失事船只的残骸一样被弃置在非洲大陆。后来利奥波德建立了繁荣的橡胶工业，由刚果奴隶提供劳动力，估计有 1 000 万人在这一过程中死亡。如果比利时的监管人员认为奴隶的工作速度不够快，他们就会习惯性地用斧头砍掉他们的手。

这些数量巨大的血迹斑斑的殖民时期收集的藏品大多保存在中非皇家博物馆，其他地方也有保存。这批藏品中仍然包含着惊喜。

2015 年 12 月，荷兰昆虫学家克拉斯 - 杜威 · 迪杰斯特拉（Klaas-Douwe Dijkstra）在《蜻蜓学报》（*Odonatologica*）杂志上发表了一篇关于非洲蜻蜓的专题论文。蜻蜓目是由蜻蜓和豆娘组成的昆虫目。在这篇文章中，迪杰斯特拉和他的合作者们命名了 60 个新物种，这是自 1886 年以来一次性命名的蜻蜓和豆娘最多的一次。这项研究是迪杰斯特拉在南非开普敦附近的斯泰伦博斯大学完成的。他说："这使非洲蜻蜓的物种数量增加了十二分之一。" 仅一篇简明的 236 页文章就使已知的非洲蜻蜓目的物种数量增加了近 10%。

许多新物种是在安哥拉、喀麦隆、加蓬、乌干达、刚果民主共和国等西非和中非国家的实地调查中发现的。迪杰斯特拉和他的合著者延斯·凯浦林（Jens Kiping）和尼古拉斯·梅泽尔（Nicolas Meziere）花了几年时间穿越了非洲大陆的中部进行实地调查。但一些新的非洲物种是在远离非洲的地方发现的。位于布鲁塞尔以东 20 英里的特尔菲伦，是中非皇家博物馆殖民文物的一部分。一个世纪以前，动荡蔓延到刚果盆地时，野外收藏家们正忙着收集未知的、多样的蜻蜓，并把标本连同其他东西一起运回比利时。在那里，数量未知的大量标本被放进抽屉，之后就保留了下来。

刚果长尾蜓（The Congo Dusk hawker Dragonfly）是一种蜻蜓新物种，它外形精致，长 3 英寸，有着宽阔的灰绿色头部和脉络清晰的黄色翅膀。迪杰斯特拉在刚果民主共和国的野外工作中捕获了一只。还有更古老的标本存在。1899 年 3 月，在首都金沙萨附近，一位名叫威尔布鲁克的野外收藏家捕获了两只雌性标本。在比利时殖民统治期间，金沙萨被称为利奥波德维尔。这些标本收藏于布鲁塞尔的比利时皇家自然科学研究所的昆虫学藏品中，现在已经有 120 年的历史了。该研究所的收藏是世界上最大的昆虫收藏之一，拥有大约 1 700 万件标本。

2010 年 8 月，迪杰斯特拉在刚果民主共和国北部的野外工作中捕捉到了刚果长尾蜓的正模标本——一件雄性标本。他当时在刚果河畔的一个名叫伊桑吉的小村庄附近的一片被洪水淹没的森林。刚果河像一条被磨损的棕线分叉开来——先分成两道向北流去，然后变成许多条狭窄交错的河道，蜿蜒曲折穿过树林继续向北，短暂的汇流后又分流开。棕色的河水缓慢地穿过被水淹没的绿色森林，水里的树木以奇怪的角度生长着。

在这篇专题论文中有一张迪杰斯特拉在伊桑吉工作的照片。在河的另一边，他在一堵树叶“砌成”的厚厚绿墙前挥舞着一张大网。网里充满了空气。4 个男孩一边乘着独木舟在褐色的河水里游荡一边看着他。迪杰斯特拉属于这个环境最为恶劣的地方。他说:“这是人类的自然状态。我们是标本采集者，而不是农民、实业家或其他任何身份的人。这就是我们获得幸福的方式。”

全世界约有 7 000 种蜻蜓目昆虫。蜻蜓在热带地区最常见，除了南极洲之外，地球上每一个动物区都有它们的身影。蜻蜓醒目的颜色和巨大的体形一直吸引着昆虫学家。1700 年，法国昆虫学家弗朗索瓦 · 普帕特（Francois Poupart）在给英国博物学家马丁 · 利斯特（Martin Lister）的一封关于蜻蜓的信中写道 :“它以其非凡的速度划破和切开空气，使空气旋转上千次，这真是太奇妙了。”

仅非洲就有近 800 种已命名的蜻蜓。它们通常是前卫物种，可以用来确定它们所在的生态系统相对健康状况，但前提是我们了解它们。迪杰斯特拉估计，他现在已经捕获了 80% 以上的野生非洲物种，方法是耐心地在像伊桑吉这样潮湿、布满沼泽的地方来回挥网。这是最基本的做法 : 长时间、不间断地挥动捕虫网。没有任何技术或先进手段可以取代。自 2000 年首次到加纳进行实地考察以来，他每年都回到非洲，在整个非洲大陆收集标本。他说，他总共在 20 个国家进行了 1 000 多天的实地考察。

最令人惊讶的是，许多被命名为迪杰斯特拉的新物种明显不同。一张照片就足以让所有非洲蜻蜓专家在对它们进行评估后意识到这是科学上的新发现。它们的色彩独特明亮，身上分布着粉色和紫色的条纹 ; 钴蓝色的腹部上是橘色的条纹，就像褐色的刚果河上弯曲破碎的霓虹光。正如奥利弗·戈德史密斯（Oliver Goldsmith）1791 年在《地球的历史和生动的自然》（*History of the Earth, and Animated Nature*）中所写的那样：

> 在所有装饰了大自然或使大自然的面貌多样化的昆虫中，这些蜻蜓是最多样化和最美丽的；它们有各种颜色：绿色、蓝色、深红色、鲜红色、白色；有些蜻蜓融合了各种最鲜艳的色彩，一种动物身上呈现出的色彩比彩虹还要斑斓。在王国的不同地方，它们的称呼都不一样，但没有人会不知道它们是什么，因为它们的身体长度、眼睛大小、4 只翅膀迷人的透明度，都使其和其他昆虫不同。夏天，在每一道篱笆旁，每一条奔流的小溪边，都能看见它们快速地飞过；它们有时停留在植物的叶子上，有时连续飞行几个小时。

近一个世纪以来，许多新物种的标本一直在中非皇家博物馆等待着被鉴定的描述。“这些藏品里全是面具、独木舟和各种各样的东西——包括蜻蜓在内的许多动物、各个种类的手工艺品，基本上什么都有。”迪杰斯特拉说，“如果你观察蜻蜓——其他动物和植物也是如此——基本上你所拥有的只是装满标本的抽屉。”

其中很多标本根本没有被编入目录，没人知道那是什么。迪杰斯特拉说：“科学家一般情况下甚至从未碰过它。”英国著名蜻蜓分类学家弗雷德里克·查尔斯·弗雷泽（Frederic Charles Fraser）曾对部分藏品进行了研究，并对其中一些标本进行了标记和鉴定，但他在 1963 年去世了。迪杰斯特拉继续说：“如果够幸运的话，也许这些标本上有他的鉴定标签，但很多情况下都是没有的。你手里有这些大抽屉。你一打开盖子，标本就会弹出来，因为它们是被强行塞进去的——实际上是被压进去的。当盖子一打开，它们就蹦出来了。”

这些标本不像在其他机构那样整齐地摆放在抽屉里。相反，每只蜻蜓都被密封在一个单独的袋子里。袋子到处都是，没有顺序，没有标签，全都乱作一团。迪杰斯特拉说：“你打开一个抽屉，里面有成百上千的标本。你只是在处理着一堆堆的标本：这是这个物种，这是那个物种，这又是另一个物种。然后就剩下这些奇奇怪怪的标本了。”

奇怪的标本有很多：1899 年首次收集到的刚果长尾蜓被包起来保存了 116 年。迪杰斯特拉将 1935 年首次被收集的一种蜻蜓命名为“石榴色宝石蜓”（*Chlorocypha granata*）。迪杰斯特拉给许多蜻蜓命名了：比如，由查尔斯·亨利·塞耶（Charles Henri Seyer）于 1951 年在刚果与赞比亚边境附近收集的剑士皇帝蜓（*Anax gladiator*）；由塞耶在 1950 年收集的加丹加长腿蜓（*Notogomphus intermedius*）；由 G. F. 奥弗莱特（G. F. Overlaet）于 1933 年在卡通加收集的加丹加丛林蜓（*Neodythemis katanga*）。他给一个物种起了拉丁名字 *Umma gumma*——那是 1969 年平克·弗洛伊德（Pink Floyd）的一张专辑的名字。它的俗名是强光蜓（robust sparklewing）。

最终，它们为世人所知了。

迪杰斯特拉的工作有了切实的结果。国际自然保护联盟（International Union for Conservation of Nature，IUCN）有一份濒危物种名单——官方名字为《濒危物种红色名单》（Red List of Threatened Species）。这份名单每年都会更新，以囊括那些已经濒临灭绝、需要保护的物种。但是，如果一个物种一开始就没有人知道它的存在，它就不能被列入名单。他说：“一切都始于命名，这基本上就是一种注册行为。”

许多新物种的栖息地都被破坏。它们的典型栖息地通常是潮湿、多沼泽的地区，遭受了多年的干旱和气候变化。没有名字，脆弱的蜻蜓物种仍然没有受到保护，有些甚至消失了。

我花了相当多的时间在迪杰斯特拉的专题论文中观察新物种的照片。在未经训练的我看来，它们都很相似。但是对于像迪杰斯特拉这样的蜻蜓分类学家来说，它们之间的区别是深刻而明显的。形态学上的差异以某种方式调动并激活了迪杰斯特拉大脑中的某些部分，使他能够毫不费力地辨认出它们的独特性，我就做不到。迪杰斯特拉说：“这是分类学家擅长的事情，能够看到模式，即使他们不能马上说出原因。”这就像布莱克本之于隐身节蛙一样。

迪杰斯特拉的朋友奥斯卡（Oskar）能分辨出在非洲热带生态环境中发现的近 100 种蝴蝶构成的蔽眼蝶属（*Bicyclus*）几乎所有种类的蝴蝶。迪杰斯特拉说：“它们都是棕色的，非常相似。”尽管如此，虽然迪杰斯特拉不完全弄得清，但奥斯卡却能把它们都分辨出来。奥斯卡可以区分、计算出它们的差异，是世界上唯一能辨别其所有种类蔽眼蝶的人。迪杰斯特拉的其他一些朋友已经编写了一个自学计算机程序来识别蔽眼蝶的种类。随着时间的推移，该程序会继续学习并更好地区分物种，他们把这个程序命名为“奥斯卡”。

迪杰斯特拉说：“一段时间之后，‘奥斯卡’程序识别正确率能达到 97%，虽然他们不知道它是如何分析差异的。这是模式识别，你拉开抽屉马上就能感受到。有时你打开一个某个蜻蜓专家在你之前就已经打开过可能几百次的抽屉。他们打开那个抽屉时模式识别没发挥作用。但你打开抽屉时就会感受到，‘嘿，标签上说这个抽屉里只有 2 种蜻蜓，但我能发现 3 种’。”

对那些具有这种辨别能力的人来说，一个存放了一个世纪，收集于刚果民主共和国金沙萨郊区，也可能是与赞比亚接壤的沼泽地带河岸上的未分类的蜻蜓标本的抽屉充满了意义。随着一个个新物种被发现，生物学家对这个未被充分探索的生态系统的生物多样性有了更多的了解。迪杰斯特拉的眼睛飞快地扫视着抽屉里那些装着未确定物种的包裹，把它们都收了起来。部分包裹里的标本已经破损了：脆弱而久经岁月的翅翼被压碎；一个世纪过去了，抽屉里标本的腿部已经干瘪。但是迪杰斯特拉仍在寻找，为了视觉上的线索搜索每个密封包可见的内容——分类、处理，没完没了地测算。

他说："这件事你要么能做，要么不能做。有些人有音乐天赋，但其他人能做别的事。"

他打开另一个抽屉，把手挡在抽屉前面，防止里面的东西掉到地板上。他拿起另一件标本，像珠宝商评估钻石一样，对着比利时中非皇家博物馆的灯光，开始了新一轮的烧脑。

1 mm

分成两半的标本：缪尔楔形甲虫

(*Rhipidocyrtus muiri*)

1907 年夏天，檀香山夏威夷甘蔗种植者协会实验站的昆虫学家弗雷德里克·缪尔（Frederick Muir）登上了印度尼西亚的婆罗洲岛。他身处湿热的西婆罗洲，四周都是茂密的红树林。他小心翼翼地穿过 8 英尺厚的旋叶松丛，登上一艘竹茅草做的独木舟，把船头转向浑浊的上游，开始向东划，进入内陆。缪尔写道："整个景观都充满热带风情，尤其是藤条优雅的枝头从树上伸出来的地方。"

缪尔到婆罗洲是为了寻找一种寄生虫——一种他从未遇到过的象甲寄生虫。据他所知，他可能已经见过，但错过了。一周前他可能正好从它面前走过。但其实他也不会知道真相到底如何。那时，缪尔作为一个英国人，已经在中国和新加坡的丛林中搜寻了一年。回到夏威夷，甘蔗种植者们正在打一场似乎打不赢的战争。他们的敌人是几内亚甘蔗象（*Rhabdoscelus obscurus*），一种贪婪的象甲：胡桃色的小甲虫，有着长长的、向下弯曲的喙，像一只细长的黑色鸟喙。它在偶然间被带上了岛。象甲在甘蔗中产卵，孵化的幼虫不停地啃食甘蔗，钻出了许多洞。

每年有 10% ～ 15% 的甘蔗作物被象甲吃掉。如果缪尔能找到一种寄生虫来控制住幼虫，就可能拯救作物。这种将一种自然出生的寄生虫引入另一个生态系统以控制害虫的生物控制技术直到今天也一直在使用。马修·布芬顿在使用这项技术，他对瘿蜂感兴趣的原因之一就是因为它们有防治农业害虫的潜力。在 1906 年，缪尔离开檀香山，为控制几内亚甘蔗象寻找寄生虫，成为一名生物防治害虫的先驱者。

缪尔没有在婆罗洲找到他要找的寄生虫，但在寻找的过程中他收集了许多其他昆虫标本。其中有一种楔状的小甲虫，于 1907 年 8 月在婆罗洲西部的红树林和旋叶松林中被发现。它只有一件标本—— 一件雄性标本，现在收藏于美国国家自然历史博物馆的昆虫学藏品，标签下方写着“由 F. 缪尔在花上发现”。堪萨斯大学昆虫学藏品管理员扎卡里·法林（Zachary Falin）在 107 年之后的 2014 年，给这种甲虫命名为缪尔楔形甲虫（Muir’s Wedge- Shaped Beetle）。

在这中间的年月中，这只甲虫标本已经支离破碎。前半部分大部分完好无损，但其余部分已被解剖并安装在一系列玻璃显微镜载玻片上。这并不会对鉴定造成障碍，但从某种程度上说，本来是一体的各部分已经分离了。就各部分本身而言，每一半都是毫无价值的。这些身体各部分的标本已经分开了几十年。甲虫的前部安装在一根针上。对于像我这样的非鞘翅目昆虫学家来说，它看起来更像一个奇怪的棕色坚果。它和其他旧物件一样满是灰尘，我真的分不清头尾，唯一能辨别的标志是一条以优雅的姿态弯曲的触须，或叫“flabellate lamellate antenna”——“flabellate”意思是“扇形的”，“lamellate antenna”意思是“排列在扁平的盘子里”。法林是巨眼大花蚤族的世界级专家。巨眼大花蚤是甲虫的一个族，它们属于一个更大的、包含大约 450 种物种的科，被称为楔形甲虫科。楔形甲虫科的甲虫体形很小，身体矮胖，肩部高耸。它们的鞘翅也很小，后翅暴露出来，使它们看起来更不像甲虫。在这个大家族中，巨眼大花蚤族不太为人所知：它们只有 16 个属，大多数的属只有一两个种。法林说："这些物种很少见，它们在形态上就是很奇怪。"

20 世纪 90 年代中期，作为一名研究生的法林就意识到这一组物种分类混乱，特征不明显，于是开始从其他博物馆借来巨眼大花蚤族的标本。他说："在我读研究生的头几年里，我联系了世界上五六十家博物馆，然后通过邮局收到了成千上万的标本。"

它们的生命周期也极不寻常。法林说："据仅有的一两个案例表明，它们是蟑螂若虫体内的拟寄生虫。这些寄生虫寄居在蟑螂若虫体内。一段时间后，若虫体内的甲虫就会跳出来，像个外来物种一样杀死蟑螂，然后变成蛹，成为成年物种。"

换句话说，在它们生命的大部分时间里都是藏起来的。它们刚开始在被寄生的蟑螂黑暗的身体挖掘隧道，后来落在丛林地面上，藏在落叶里面。当它们最终进化为成年形态出现时，看起来仍然很奇怪。法林说："雌性是幼虫形式，这意味着它们没有翅膀。它们退化严重，看起来像幼虫。雄性几乎没有嘴巴，不吃东西，有巨大的眼睛和巨大的触角。很明显，它们唯一擅长的就是找到一只雌性巨眼大花蚤。"他说，就连精细的扇形触须也是为此而设计的。触须上面覆盖着传感器，用来探测潮湿空气中飘散的潜在伴侣的信息素。它们孵化、繁殖，然后死亡，所有这些都在几天之内发生。

1907 年，缪尔抵达婆罗洲，进入黑暗中被绿色覆盖的中心。这里一片蛮荒，人迹罕至。几十年来，欧洲人一直被各种哗众取宠和大多不准确的关于食人族的说法所吸引，比如卡尔·博克（Carl Bock）在 1881 年出版的《婆罗洲的猎头族》（*Headhunters of Borneo*）。世界上第三大岛屿婆罗洲被分为 3 个国家：面积最大的部分，包含了岛的南部，这部分属于印度尼西亚；马来西亚统治该岛的北部；西北海岸线上是文莱，这个独立小国的面积比特拉华州还小。婆罗洲拥有世界上一些最古老的热带雨林，被保护国际认定为全球35个生物多样性热点地区之一，有许多其他地方没有的物种。

在这些令人眼花缭乱的多样生物中，长着长长的、弯曲的扇状触角的栗色小甲虫没有引起人们的注意。1996年，为了进行研究，法林需要找到尽可能多的大花蚤。在研究过程中，他去了史密森学会国家自然历史博物馆寻找昆虫藏品。他说："那里的标本很多，但也有一些失踪了。我想，失踪的标本可能正是有意思的部分。"

几十年前，另一名研究人员借走了大部分藏品，至今仍未归还。博物馆收藏的标本总是丢失，有时甚至用红胶带或丝带标记的正模标本也会消失。但法林很幸运，几个月后，失踪的大花蚤标本就被送到了堪萨斯大学。

法林说："在这些标本中，有一件是来自婆罗洲的已经损坏的成虫标本。它很令人惊喜，可惜并不完整。不管这个标本有多棒，我就是不能利用它完成任何事情。我不能用它来分析，也不能用它来描述，因为它一半都损坏掉了。所以它只能一直，一直，一直，一直待在那里。"

1888年，应夏威夷国王卡拉卡瓦的请求，一部分受感染的甘蔗从夏威夷——当时还被称为三明治群岛——运往华盛顿特区的农业部。昆虫学家查尔斯·赖利（Charles Riley）在1888年出版的《昆虫生活》（*Insect Life*）杂志中写道："事实证明，农业部收到的甘蔗感染了一种属于尖隐喙象属（*Sphenophorus*）的甘蔗象甲的幼虫，该属有几类动物生活在这个国家的玉米的根和茎中。"

正常情况下，甘蔗粗壮而结实，受感染的甘蔗"到处布满了幼虫的洞穴"，莱利写道。成年象甲把卵产在甘蔗里，孵化时，像蛆一样的幼虫从甘蔗中钻了出来，留下宽敞的蛀洞，里面填满了浸渍过的甘蔗纤维。1835年，法国鳞翅学家让·巴普蒂斯特·博伊斯杜瓦尔（Jean Baptiste Boisduval）首次对象甲进行了描述，他那时正在巴黎研究1827年探险家儒勒·杜蒙·居维尔（Jules Dumont d' Urville）在星盘号（*Astrolabe*）第一次航行中收集到的象甲标本。在这之前，杜蒙·居维尔无意中从巴布亚新几内亚的新爱尔兰带回了受感染的甘蔗，那时象甲也在塔希提岛。研究表明，它是1854年通过乔治·华盛顿号（*George Washington*）捕鲸船被引入夏威夷的，先感染了拉海纳捕鲸镇的甘蔗，然后扩散到全岛。这就是缪尔到达婆罗洲等地的原因。对于夏威夷甘蔗种植者来说，象甲是一场生态灾难。许多生态系统中都存在像甘蔗蛀虫这样的害虫，但它们的自然寄生虫可以对其进行控制。当这些“钻孔者”被引入夏威夷时，没有自然寄生虫能够对它进行控制，传播没有受到限制。甘蔗种植者说，他们都是徒手从甘蔗中摘下象甲。一年的时间里，仅仅在一个种植园，工人们就从甘蔗上摘出27 000盎司[1]的寄生虫——几乎一吨的小甲虫。

因此，缪尔被派往世界各地去寻找可以消灭象甲的物种。在印度尼西亚，当地人和荷兰殖民者之间持续不断的战争使他无法观察甘蔗。后来他到了马鲁古群岛，一条眼镜蛇把毒液喷到他的眼睛里，使他几乎失明。在中国南部的广东省旅行时，他伪装成一名在山坡上寻找草药的医生。在新几内亚的莫尔斯比港，他感染了伤寒，在澳大利亚一家医院的病床上休养了数周。没有什么能长时间地阻止他。

当时的他不可能知道，自己正在寻找的是楔利索寄蝇（*Lixophaga sphenophori*）。1908年1月，他终于在安汶岛上找到了它。楔利索寄蝇是一种不起眼的小黑寄蝇，寄生于一种生活在西米棕榈树上的印尼种类的蠹虫身上。他在新几内亚也发现了它，那里似乎是由它在控制着甘蔗象甲的数量。缪尔

[1] 1盎司=28.350克。

认为，如果能把它带到夏威夷，或许也能控制夏威夷的象甲。

最终事实证明他是对的。但他几次尝试将它们运到夏威夷都失败了，每次到达檀香山时它们都已经死了。有一次，缪尔想带一箱去香港，但在他到达的前一天它们都死了。最终，他不得不建立中转站，把它们从新几内亚运到澳大利亚进行繁育，然后把它们的蛹带到斐济，在那里继续繁育。就这样，他一次次把这些寄蝇运送到世界各地。最后，1910 年 8 月，缪尔手里拿着一个盒子，走到夏威夷甘蔗田的边缘，判断风向之后背对着风，放飞了楔利索寄蝇。把楔利索寄蝇引进夏威夷的尝试最后终于成功了。在这个项目进行了 4 年之后，缪尔休了 1 年的假，然后开始另一项研究——寻找东方异丽金龟（*Anomala orientalis*）的天敌。

缪尔楔形甲虫被钉住并分离的身体，前面部分体积很小，是针上的一个棕色斑点。法林多次告诉我，相对于其他大花蚤来说，这部分体积是很大的。这样看来，它的确是巨大的。他说："不管在哪里它都算得上一只大蟑螂。这一点令人震惊。"

然而它只有三四毫米长，很容易被忽视。尽管如此，当缪尔从婆罗洲的一朵花中收集到它时，他就知道这种甲虫是独一无二的。11 年后的 1918 年，他前往美国国家自然历史博物馆，请昆虫学家尤金 · 施瓦茨（Eugene Schwarz）为他寻找这只甲虫。10 年后，也就是他最后一次参观这些收藏时，缪尔再次要求策展人赫伯特 · 巴伯（Herbert Barber）帮他找到这只甲虫。在缪尔 1931 年去世时，这种甲虫还没有名字。它仍然停留在用针钉起来、被忽视和不为人所知的阶段。在 2011 年的一次研究访问时，法林用显微镜观察甲虫标本。几英尺外，牛津大学的昆虫学家杰雅兰妮·凯瑟琳森比（Jeyaraney Kathirithamby）正在观察自己研究的标本，她是捻翅目昆虫专家。捻翅目昆虫是一种类似寄生虫的昆虫，经常被误认为是巨眼大花蚤甲虫。杰雅兰妮·凯瑟琳森比手里拿着一些玻片标本，这些玻片标本在捻翅目的藏品中存放有误，就像图书馆的书放错了书架一样。

她转身对法林说："这些不是捻翅目昆虫，我觉得它们是大花蚤。"法林说："我从她那里拿来玻片标本，于是我立刻意识到，这些就是我那里那只大虫子丢失的部分。不知何故，在20世纪30年代或40年代之后的某个时候，这些解剖过的碎片被错误分类，并与一种完全不同的昆虫放在一起。要不是凯瑟琳森比和我同时坐在同一个房间里，没有人能意识到这一点。"

这3张玻片标本和甲虫被钉起的前半部分构成了一个完整的标本。最后，法林终于能够描述它并给它取名，为了这样的结果它已经等了一个多世纪。自然历史藏品中隐藏的生物多样性反映了我们对昆虫多样性总体的了解是多么欠缺，在婆罗洲这样的热点地区还有许多未知的、有待发现的生物多样性秘密。

法林想知道在婆罗洲是否还存在这种甲虫。尽管检查了成千上万的标本，他也从未见过相关标本。对研究楔状甲虫的专家来说，这是一个与众不同的物种。他说："任何看到它，知道它的人，都会一秒之内赶紧将其收入囊中。这正好说明还有一些我们不知道的物种在丛林里飞翔盘旋。"

玛丽·金斯利天牛

（*Pseudictator kingsleyae*）

在英国自然历史博物馆，鞘翅目昆虫学家马克斯·巴克莱正坐在他那略显凌乱的书桌前，手里拿着一只和自己拇指一样长的黑色甲虫。它有着长得不可思议的分段触角，比甲虫的锥形身体还要长，往后扬着，延伸到鞘翅之外。这些长长的、弯曲的触角是甲虫的形态学特征，使其归类为天牛。作为英国自然历史博物馆的藏品管理员，巴克莱管理着一个庞大的档案库，其中包括大约 1 000 万份甲虫标本。但他手中的甲虫是唯一一种与之相似的甲虫——一个单一标本。它来自今天西非的加纳，在过去一个世纪的大部分时间里都被保存在一个盒子里。2015 年，这种甲虫以 1896 年收集到它的玛丽·金斯利（Mary Kingsley）的名字命名为玛丽·金斯利天牛。

在过去的一个世纪里，昆虫学家们定期将它从盒子里取出来进行检查。他们对它进行了仔细的研究与测量，并和其他非洲天牛的标本放在一起。虽然也有人尝试过，但没有人能正确地对它分类。巴克莱说："许多人都观察它，给它贴上标签，但仍然说不确定它是什么。"

他说，全世界有 25 000 ～ 30 000 种天牛，大多数都比金斯利收集的这只天牛小得多。从形态上看，它也不同于其他相关物种。巴克莱说："它与其他甲虫的不同之处在于它的胸部——在头部和腹部之间的前胸背板——非常肿大和膨胀，至少比近亲属的甲虫要大得多。”它和独裁者甲虫（dictator beetles）最接近，这是一个小属，由 13 个不同的物种组成。他说：“它被称为假独裁者属（*Pseudictator*），因为它和那个属的物种最相似。”玛丽·金斯利天牛是这个属里已知的唯一成员。

大胆无畏的探险家玛丽·金斯利 1862 年出生于英国。她没有接受过正规的教育——在维多利亚时代的英国，人们认为女性不应该接受教育。特别是科学，因为人们认为一个文雅的年轻女士不应该忙于研究科学，忙于科学可能会让她生病。因此，当她的弟弟查尔斯·金斯利（Charles Kingsley）去剑桥大学学习法律时，玛丽·金斯利留在家里照顾生病的父母。

玛丽·金斯利

1892 年，金斯利的父母在几个月内相继去世，她突然摆脱了自己的义务。金斯利继承了一笔不多不少的遗产，并通过在父亲藏书丰富的图书室里读书学习而自学成才。之后，她决定独自前往西非旅行。金斯利以前从未离开过英国，在西非一个人也不认识。她的朋友、作家埃塞尔·特威迪（Ethel Tweedie）写道："她的样子真是弱不禁风。"

当金斯利向医生寻求建议时，他们果断地告诉她，西非是地球上最致命的地方——疾病、凶残的原住民、丛林中无数不可预知的危险。乘汽船到那里要两个星期。利物浦的汽船代理商不提供往返机票：最后无人生还，所有人都死了。金斯利还是去了。最终，在 1893 年 8 月，30 岁的她下了船，来到了炎热喧嚣的塞拉利昂弗里敦。金斯利去进行了几次探险，在 1897 年 1 月出版的广受欢迎的回忆录《西非之旅》(*Travels to West Africa*) 中描述了这几次探险。她是第一位登上喀麦隆山的白人女性，这座高 13 250 英尺的山是撒哈拉以南西非的海拔最高处。

在描述黄金海岸——现在的加纳——时，她写道：

> 事情是这样：在经历了长时间、充满危险的甲虫捕猎后，你现在要回家了；你曾与馅饼盘大小的强大甲虫战斗，它们飞过你的头顶，钻进你的头发，又狠狠地咬了你一口。你也曾被苍蝇、蚂蚁和其他动物叮咬过。你很可能是被雨水淋湿了，或者是被溪流浸湿了，疲惫不堪；你的脚沿着地面往下走，天越来越黑，或者已经变黑了：热带地区的天黑速度一直让人无法捉摸。

金斯利对鱼类标本和史前器物很感兴趣，即使昆虫爬入了她宽大的衬裙，她也不顾一切地去收集它们——她攀山涉水，在未经探索的热带雨林中开路前行。在非洲度过的岁月里，金斯利收集了许多标本——鱼、爬行动物、昆虫、贝壳和草本植物。1896 年在加纳时，她收集了一些甲虫标本，但一共只有 12 件。现代野外考察会带回装满数千件标本的瓶瓶罐罐，而金斯利才收集了 12 件甲虫标本，玛丽·金斯利天牛就是其中之一。

2014 年 10 月，巴克莱参加了布拉格昆虫展，他每年都会参加两次。来自世界各地的数千名昆虫学家参加了这个活动。这次他带了一只类别不明的天牛。他说："我知道那里有一个法国人，他是研究非洲天牛的世界级专家。"那个法国人是皮埃尔·尤厄尔（Pierre Juhel）。巴克莱说："我把甲虫放在尤厄尔面前后，他立刻说这是一个新的属。""我建议他用玛丽·金斯利的名字给它命名，他也认同了。"

玛丽·金斯利天牛属于天牛亚科，是一个约有 30 000 种物种的世界性种群。描述任何一种新物种都是很有挑战性的：当这个未知的标本属于如此庞大的甲虫群体时，描述它就更加困难了。

巴克莱说："确定类别是一个筛选的过程。当这组生物中有 30 000 种物种时，你必须利用一个筛选的过程淘汰 29 999 个物种。你必须从已知的动物群中开始剔除：你知道它不是哺乳动物，也不是鸟，这很明显。你知道它不是蝴蝶，不是苍蝇，也不是黄蜂，所以只剩下甲虫了。"

巴克莱表示，即便如此，最艰难的工作还在后面。当已知物种中约有 20% 是甲虫时，知道一件标本是甲虫并没有什么用。他说："你仍然有 40 万种可能，甲虫有 180 科。如果你认识这些科，你就有机会将范围缩小到 20 000 ～ 30 000 种；然后是亚科、族和属。每次鉴别一组——如果鉴别正确的话——你在一开始就几乎筛选掉了一个数量级的物种可能。最终你要筛选的物种数量会降低到一个可控的范围。"

最后，摆在分类学家面前的就是两种可能：要么标本被正确地确定到种，要么它仍然是未知的，必须得到正式描述。物种总是在藏品中被发现，特别是在巴克莱管理的橱柜和抽屉中。英国自然历史博物馆的甲虫藏品是同类中最全面的，数量永远在扩大，藏品一年比一年多。这些藏品存放在超过 22 000 个抽屉里。随着不断的扩大，它们的用处变得越来越大。经过几个世纪的收集，这些藏品包含了 20 多万种不同类型的标本，被用作描述整个物种的参考点。巴克莱说，每年都有超过 1 000 种新的甲虫物种根据收集材料被描述。2014 年 9 月，巴克莱在对未知材料数字化时发现了一个古老而破旧的盒子，里面有 20 个甲虫标本，它们是 19 世纪 60 年代探险家斯坦利 · 利文斯通（Stanley Livingstone）在赞比西河探险时收集的。

自 2001 年以来，作为英国自然历史博物馆藏品管理员的巴克莱自己已描述了大约 20 种新物种，大约有 100 个新物种以他的名字命名。他帮助命名了几百个新物种——发现一个未命名标本，确认它是新物种，然后把它交给那个科、族或亚族的专家来描述，就像他把玛丽 · 金斯利天牛给尤厄尔鉴定那样。

他告诉我："今天我桌上有一盒甲虫，它们也是天牛。里面有 3 件新到这里的标本，其中一个是新发现的物种。"这个盒子被放在了散落在巴克莱办公桌上的文件和其他标本盒子中间，巴克莱伸手从盒子里捡起甲虫，弯下腰仔细查看它的标签。"它看起来像是 1912 年收集的，"他慢慢地说，吃力地读着上面的文字，"来自塞拉利昂。标本上有一个 20 世纪 50 年代一位前策展人贴的标签，写着'接近但不是'，然后是另一个物种的名字。有些人注意到它是不同物种，但没有继续下去，这种情况经常发生。"

这些藏品虽然很全面，但也有其局限性。巴克莱说："我们这里大约有 60% 的已知甲虫，所以，如果我拿一只甲虫去和藏品里的标本对比匹配，成功率应该不低。但如果匹配失败，我就不知道它是不是在剩下的 40% 里——是在史密森学会博物馆、巴黎博物馆、哥本哈根博物馆，还是其他地方，抑或是一个新物种。”

这就是藏品如此重要的原因。没有哪个博物馆的藏品是完整的，但是，当一件标本被收藏时，它就等于开始了另一段生命——作为物种的代表。和许多分类学家和策展人一样，巴克莱对藏品都是陈旧过时的这一观念感到沮丧。他说：“人们提到博物馆都会想到《夺宝奇兵》的最后一幕。有人一直在为得到这些财宝而战斗，然后他们把这些财宝放进一个板条箱里，再放进一个有老鼠和灰尘的地下室里，把门关上，就这样。他们会想：‘是啊，嗯，现在它在博物馆里，所以它哪儿也去不了，什么也干不了。’我觉得这样的观点真的没什么用。”

1900 年 6 月，在加纳收集到玛丽 · 金斯利天牛几年后，玛丽 · 金斯利去世了，时年 37 岁。此前，她还进行了另一次探险——去南非，从奥兰治河采集鱼类标本。1899 年 10 月，布尔战争爆发，英国军队和来自奥兰治自由邦和德兰士瓦共和国的军队之间爆发大规模战斗。金斯利自愿在开普敦做一名护士，照顾受伤的战俘。她在给朋友的一封信中写道：“这里的一切，恶臭、洗涤、灌肠、便盆、血液，就是我生活的全部。”金斯利在西蒙斯敦医院的病房里工作，因为到处都是尸体和垂死的病人，她染上了伤寒，并因此病逝。死后，她被海葬。她收集的大部分标本——从喀麦隆和加蓬收集的鱼，以及甲虫——仍保存在英国自然历史博物馆。巴克莱说：“她是第一位登上西非最高峰喀麦隆山山顶的女性。她想突破界限——不仅是突破社会接受度的界限，还要超越前人的成就。”

巴克莱说，收集到他拿着的这件标本的机会很少。它躲在树林里，不见天日。它的成年期很短，最多只有几周。他说：“这件标本是从西非一个隐蔽的地方收集而来的，那里并没有太多的探险活动。”1896年收集的这件单一标本是一个完整物种已知的唯一标本。“在人类历史上，也许曾经有过一次收集这种甲虫的机会，”他说，“这个机会来到了玛丽·金斯利面前，她抓住了。”

巨型苍蝇

（*Gauromydas papavero* 和 *Gauromydas mateus*）

茱莉亚·卡廖（Julia Calhau）拿出一个木制抽屉，里面装满了苍蝇，那种巨大的苍蝇。2009 年，在巴西圣保罗大学完成研究生学业时，卡廖逐渐成为 Mydinae 的专家，Mydinae 是苍蝇的一个亚科，其中包含了一些体形非常巨大的苍蝇属。

虽然卡廖对分类不是特别感兴趣，但这个群体中的物种数量实在太少，她最终也能熟练地将它们区分开来了。卡廖是一位双翅昆虫学家：她研究苍蝇。当她开始研究时，拟食虫虻属仅由 4 种大型新热带苍蝇组成，其中之一的英雄拟食虫虻（*Gauromydas heros*）是世界上最大的蝇类。它是一种巨大的油黑色怪物，发育完全的标本翼展接近 4 英寸。它是苍蝇之王，相当于 1 000 只家蝇合在一起。

但它们极其罕见——无论是活体，还是科研藏品都非常少。拟食虫虻属的大部分生活习性仍然未知。在巴西热带草原上空嗡嗡作响的它们甚至可能被误认为是小鸟。它们不常被收集：即使是最大的昆虫标本收藏中也可能只有少数它们的标本，或者根本没有。

雄性成年英雄拟食虫虻以花朵为食，而雌性成年个体似乎什么也不吃。包括卡廖在内的双翅目昆虫学家怀疑这些苍蝇生活在蚂蚁附近。因为拟食虫虻幼虫曾在蚁巢的废旧房室中被发现，它们以在那里的其他昆虫幼虫为食。最终，靠着进食昆虫养肥自己的成熟的英雄拟食虫虻幼虫会离开这个奇怪的、由蚂蚁建成的宛如地下子宫的黑暗热室。它向上移动，挖开土壤，在离地表6英寸的地方停下，为自己建造一个蛹室。后来，成虫从地面钻出来，巨大而黝黑。

1963年，21岁的纳尔逊·帕帕韦罗（Nelson Papavero）以生物学家的身份刚刚毕业，开始致力于研究圣保罗大学动物博物馆的昆虫藏品。作为土生土长的圣保罗人，他最终成为世界著名的苍蝇专家，整理并构建了一个范围广泛的双翅目目录，至今仍在使用。他是建立拟食虫虻属的科学家之一。在一个帕帕韦罗这样的常驻专家的陪同下，卡廖惊奇地发现博物馆的一个抽屉里装满了类别不明的标本。

在抽屉里，在20多个钉起来的标本中，卡廖特别注意到了一只黑色的大苍蝇，身长而结实，翅翼上布满错综复杂的血管。她说："这个标本很漂亮，安置得也很好，是迪林斯收藏的一部分。"理查德·冯·迪林斯霍芬（Richard von Diringshofen）是一位业余的德裔巴西昆虫学家。在他于1987年去世后，圣保罗大学动物博物馆获得了他的个人藏品。一开始，卡廖将这种苍蝇确定为神秘拟食虫虻（*Gauromydas mystaceus*），这是该属中的另一个物种，1960年在巴西奥里希米纳收集，后腿上有长长的突刺。昆虫学家认为它后腿上的突刺是一种形态上的适应，可以帮助挖掘，使昆虫像人用镐一样用尖刺穿过土壤。

苍蝇的翅膀是柔和的橙色，上面布满血管，构成像地图一样的精美花饰般的图案。它的黑色后腿像蚱蜢的腿一样有力。有一张雌性苍蝇的照片，照片里它的身体被棕红色的翅膀包裹，翅膀的颜色像抛光的木头。2012年，卡廖将这只苍蝇与其他博物馆标本进行了比较。这些标本是她从巴西其他机构借来的：帕拉州的帕拉恩施·艾米力奥·歌迪博物馆，以及巴西东北部圣路易斯的奥斯瓦尔多克鲁兹研究所。

卡廖把借来的昆虫排成一排，通过解剖显微镜仔细观察每个标本的形态。她说："当我解剖了生殖器后，差异就非常明显了。"

最终，卡廖发现了一些使她能够区分神秘拟食虫虻和抽屉里那只身份不明的巨型苍蝇的特征。后来，她在其他的收集中发现了更多新的蝇类标本，其中一些是在哥斯达黎加收集的，这使得拟食虫虻属的分布范围向北延伸到了中美洲。她将这个新物种命名为帕帕韦罗拟食虫虻（*Gauromydas papaveroi*），以表彰纳尔逊·帕帕韦罗对双翅目分类的贡献。

这里提一下昆虫的生殖器：在我和卡廖交谈时，并没有完全意识到生殖器对昆虫学家和昆虫系统学家有多么重要。事实上，它们是极其复杂、高度精细的三维结构——尤其是阴茎。它们以不可预知的方式快速进化，而且每个物种都是不一样的，为分类学家提供了大量的信息。两个雄性昆虫标本所有的外部特征可能看起来几乎一样，甚至无法区分。可能一位花了一辈子时间研究这个属的分类学家都无法把它们区分开来。但如果它们的生殖器不同，它们就可以被认为是独立的物种。生殖器是鉴定一个新的昆虫物种最重要的特征之一。这也可以作为一个鉴定标准。所有的昆虫：甲虫、象甲、豆娘、飞蛾，还有像帕帕韦罗拟食虫虻这样的巨型苍蝇，都适用这个方法。尝试调整某种特殊的昆虫种类的昆虫学家可能要俯身用显微镜观察数小时来辨别两个阴茎之间最细微的结构差异。

不过有一个问题：在生物死后不久，阴茎就会开始萎缩。它的结构无法随着时间的推移而保存下来，信息也会随之丢失。所有昆虫学家用来鉴定新物种的独特特征慢慢变得越来越难以观察。最近几十年，科学家们已经开发出更好的保存昆虫生殖器的工具，比如生殖器膨胀器（Phalloblaster）。这是澳大利亚昆虫学家在20世纪90年代设计的一种设备，它可以使阴茎永久膨胀，从而永远保持阴茎的形状。在2012年的一个项目中，哥伦比亚艺术家玛丽亚·菲兰达·卡多索（Maria Fernanda Cardoso）甚至制作了符合解剖学特征的大型昆虫阴茎模型，并举办了被她称之为交配器官博览的展览。

在那个博物馆里，有长而多齿阴茎和像钻头一样螺旋的阴茎。四纹豆象（*Callosobruchus maculatus*）的阴茎外形可怖，顶部竖起一簇像中世纪狼牙棒一样的尖刺。其他昆虫的阴茎，有的装饰一圈触须，有的顶部有两个向后弯曲的角，就像尖头的钩子。果蝇（*Drosophila busckii*）的阴茎呈花朵状，是复杂的卷曲三维结构。有些难以形容，像钝棒或细长的棍子。盲蜘蛛（*Thelbunus mirabilis*）的阴茎就像一个深海生物，有一圈以鞭状延伸的装饰性边缘。2016年9月，澳大利亚昆虫学家在一条山涧附近捕获到了一种新的大蚊（*Minipteryx robusta*），后来通过其奇异而独特的双管形阴茎鉴别出了它。

令人惊讶的是，一些昆虫阴茎的外形甚至看起来和人的一样。

托尔斯滕·迪科（Torsten Dikow）是位于华盛顿特区的美国国家自然历史博物馆巨型苍蝇展览的3位策展人之一。迪科从来没有见过活的拟食虫虻。他说，如果它们看起来很稀有，那是因为它们生命周期的大部分是在地下度过的，那几乎是一年的时间。在它们短暂的仅仅几周的成年时间里，它们高速穿行在巴西热带稀树草原上的树梢间。它们也在伪装自己，就像闪电蟑螂一样。迪科用他悦耳的德国口音轻声告诉我们，它们已经进化到可以模仿蛛蜂或沙漠蛛蜂的地步——沙漠蛛蜂是一种强大的独居性大黄蜂，能够用毒刺杀死狼蛛。

沙漠蛛蜂是种可怕的生物，它整个身体看起来就像一个武器，能够杀死狼蛛。1990 年，昆虫学家贾斯汀·施密特（Justin Schmidt）设计了施密特刺痛指数（Schmidt Sting Pain Index），是一种评估被不同昆虫刺痛程度的量表。他给沙漠蛛蜂的指数是 4，属于最高指数。其他生物产生的刺痛程度都不能和它相比。它产生的疼痛只持续 3 分钟，但它能“扭曲”时间，使被刺方感觉远不止 3 分钟。施密特写道：“沙漠蛛蜂会产生大量的毒液，它们的刺能使人类短期内立即产生剧烈的、难以忍受的疼痛。”

虽然不能产生伤害，但拟食虫虻的模仿也足以骗过对方。它们模仿黄蜂，而且效果不错。迪科说，拟食虫虻和沙漠蛛蜂之间的相似之处保护它们免受鸟类捕食，可能也阻止了昆虫学家在野外对它们的采集。谁会为了增加家里的昆虫藏品而冒着忍受 3 分钟的极度痛苦的风险呢？

在圣保罗的卡廖把注意力转回到抽屉里的标本上。她又选了两件，把它们并排放在一起——一件雄性标本，一件雌性标本。这件雌性标本与她以前见过的任何其他拟食虫虻都不一样。它的腹部形状像蜜蜂的一样肥厚结实，腹部上有一个明亮的橙色矩形图案，在黑色的背景衬托下呈现出奇怪的几何形状。标本上没有标签，标本从何而来、何时而来，一直是个谜。几个月后，迪科参观了位于巴黎的法国国家自然历史博物馆的昆虫学收藏，这是世界上第三大昆虫收藏。他在一个装满未分类材料的抽屉里发现了另一个腹部有独特的橙色矩形图案的标本。

在迪科的职业生涯中，他已经描述了 60 多种新的苍蝇种类。他经常通过整理像法国国家自然历史博物馆的那个标本一样的古老的已有藏品中未分类的标本来发现未知物种。迪科说：“当我参观自然历史博物馆或大学时，标本藏品就是我一定要去看的东西。那些未被详细研究过的标本几十年过去了，从来没有人去研究它……打个比方，一个甲虫研究人员抓住了这些苍蝇，想着：‘嗯，这是只苍蝇。把它放在那儿吧。’”

迪科借来腹部有橙色矩形图案的标本寄给卡廖。那个标本收集于1936年，已成为另一个新物种的正模标本。卡廖将其命名为马泰乌斯拟食虫虻（*Gauromydas mateus*）。

要确定一个不确定的标本的类别，昆虫学家首先必须能够在已知和已确定类别的标本中找到它。这是分类学家的战役。迪科在华盛顿管理的双翅目收藏中包含了300多万个被钉住的标本。即使是这样规模的收藏，装满成百上千苍蝇标本的抽屉一个又一个，也只有13件拟食虫虻的标本。他说：“如果你不是在寻找这个属，你是不会看到它，不会翻那些抽屉的。”

迪科说他知道至少还有两种未被描述的拟食虫虻物种。这两种都只有各一件标本。它们被发现是因为它们都是独特的巨型苍蝇。其中一个在旧金山加利福尼亚科学院的抽屉里等待被描述。这只雄性果蝇标本来自特立尼达，而该地区之前并没有发现过拟食虫虻。现在它只是一只没有名字的黑色大苍蝇。它被收集于1985年，几十年已经慢慢过去，但仍然没有名字。另一个未被描述的标本来自秘鲁东部。这些发现都很重要。目前，人们对这种苍蝇知之甚少，已知的标本也很少，因此每一个新的标本都为昆虫学家提供了大量关于产生这种巨型、能熟练地模仿杀死狼蛛的黄蜂的苍蝇属的进化信息。迪科说，还有更多未知的物种需要描述，包括在巴西没有被编入小型的、无人照料的收藏中的物种。几乎无人研究它们。

在无人问津的抽屉里，巨型苍蝇正等着被发现；它们的翅膀永远伸展着，仿佛一直在飞翔。

来自 51 区：原子狼蛛

（*Aphonopelma atomicum*）

内华达试验基地位于拉斯维加斯西北约 65 英里的沙漠中。这是个阳光炙烤、气候干燥的地方，放眼望去，聚集成群的方形白色建筑拥挤在红土地上，周围偶尔还会有飞机跑道或停机坪。笔直的道路在沙漠中纵横交错，不知延伸到何方。从 1951 年 1 月开始，美国能源部在这里进行了总共近 1 000 次的核试验，大部分是在地下进行的。

在试验场地的南端，也就是神秘的 51 区西南方向约 20 英里处，有一个平坦狭窄的山谷。它从北向南绵延 7 英里，地上仍然有凹坑，60 年前进行的核测试留下的巨大圆形弹坑还遗留在那里。

1961 年 6 月 29 日，在原子时代的鼎盛时期，蜘蛛学家威利斯·格茨（Willis Gertsch）正在试验基地收集蜘蛛。3 个月后的 1961 年 9 月，“牛轧糖行动”（Operation Nougat）开始了对 2 600 吨当量的“鹿角”（Antler）炸弹进行地下核试验。格茨设置陷阱，在弹坑之间深挖洞，把罐子埋进土里，希望蜘蛛掉进罐子里，然后被困在坑底。一开始，他捕获了一只黑色的小狼蛛，然后一个接着一个，又抓到了一些。那天，格茨收集了 3 只雌性狼蛛和 15 只雄性狼蛛，他把它们放在装满乙醇的小瓶子里来保存它们。后来，他把这些标本存放在他担任策展人的美国自然历史博物馆的昆虫学藏品中。1961 年 8 月，格茨再次来到测试基地，在碗状的弹坑中检查他的陷阱，寻找狼蛛的踪迹：地面上有一个深的圆形洞穴，像一个铅笔挖的洞，周围是精心堆起的塔状的土丘。那天他捕获了一只雄性狼蛛。

因为尺寸小，格茨收集到的这只蜘蛛显得非常独特。克里斯·汉密尔顿（Chris Hamilton）说：“它非常小，可以轻松地放在一枚 25 美分的硬币上。”他是位于盖恩斯维尔的佛罗里达自然历史博物馆的蜘蛛学家。自 1961 年以来，格茨的小瓶标本一直被保存在美国自然历史博物馆庞大的、流动性强的藏品中。2016 年，汉密尔顿在为了美国发现的物种而进行狼蛛的金背蜘蛛属（*Aphonopelma*）的调整时，终于发现了它们。他把这种蜘蛛命名为 *Aphonopelma atomicum*，即原子狼蛛（atomic tarantula）。

原子狼蛛是一种小型狼蛛，是目前已知存在于美国金背蜘蛛属的 11 种小型狼蛛之一。汉密尔顿在参观美国博物馆时发现了这些 1961 年收集的标本。

他说：“这是一只迷人的蜘蛛。”在内华达遗址收集的标本都装在两个更大的罐子里。这些藏品中还有一些更古老的原子狼蛛标本：一位不知名的标本采集者在 1959 年 10 月收集的 3 只雄性原子狼蛛。1959 年和 1961 年的标本很可能是首次收集到的小型狼蛛标本，他说。在此之前，没有人知道它们的存在。这种蜘蛛身体呈黑色，长约 6 毫米，蛋形腹部覆盖着一层黑色的绒毛，完全是另一种更为人熟悉的、手掌大小的狼蛛物种的微型版本。

汉密尔顿小心翼翼地从药瓶里取出了这些湿漉漉的、覆盖着长着螯刺的毛发的黑色腿部标本。不同于许多有耐保存的外骨骼的昆虫，狼蛛通常被保存在乙醇中，这可以使标本在收集了几十年后仍然具有柔韧性，使蜘蛛学家能够研究在干燥标本中可能会永远丢失的形态学特征。汉密尔顿总共检查了 3 000 个标本，很多是从美国国家自然历史博物馆的收藏借来的。

他说："那里多种多样的狼蛛标本中，有很大一部分尚未确认种类。"策展人路易斯·索尔金（Louis Sorkin）给我发来了部分藏品的照片：钢制橱柜装着木箱，箱里装满烧瓶。其中一个被简单地标记为"金背蜘蛛 未命名"（*Aphonopelma* sp. UNDETERMINED）。汉密尔顿收集起标本，回到了奥本大学。他说："我带回了数百个标本。"

目前已知的原子狼蛛标本并不多，它们都来自美国西南部范围有限的地区：环绕着死亡谷和阿玛戈萨沙漠的加利福尼亚和内华达边境线上的低矮山脉和丘陵地带。

威利斯·格茨是美国在20世纪中期的几十年中最杰出的蜘蛛学家，也是一位多产的收藏家和分类学家。到1998年他92岁去世时，他已经描述了1 000多个新物种。1949年，他出版了一本名为《美国蜘蛛》（*American Spider*）的科普书。

对汉密尔顿来说，原子狼蛛是分类学上的一个谜：1961年，为什么格茨在内华达州收集了正模标本后，没有描述这只蜘蛛呢？它体形较小，非同寻常，独一无二。汉密尔顿说："他显然发现了它们。但我真的不明白他为什么不描述它们，因为它们非常与众不同，尤其是当时这些蜘蛛与他在美国看到的其他蜘蛛完全不一样。"

金背蜘蛛属由著名的英国蜘蛛学家雷金纳德·波科克（Reginald Pocock）于1901年建立，由大约90种原产于美洲的狼蛛组成。在美国，它们的活动范围覆盖美国密西西比河以西，横跨美国西南部到加利福尼亚的广大地区。它们大多生活在炎热干旱的地方——莫哈韦沙漠、死亡谷、索诺兰沙漠的树形仙人掌中和亚利桑那州奇里卡瓦山脚的奇瓦瓦沙漠中。它们居住在像阿帕奇镇和墓碑镇那样几乎被遗忘的西部小镇的郊区。在那里，夜晚有郊狼徘徊，风滚草在被风吹过的街道上弹跳。在美国西南部，狼蛛在被太阳晒得干裂的停车场和干燥的荆棘丛中漫步。

不过在其他地方也有它们的身影：在加利福尼亚州马德雷山脉起伏的丘陵地带，在科罗拉多州南部平坦的绿色草原上，在路易斯安那州、密苏里州和阿肯色州，都可以找到它们。它们的活动范围向南延伸，穿过墨西哥直达中美洲。考虑到实际因素，汉密尔顿把他的项目范围限制在美国。

他说："在这个项目开始的时候，美国有 55 种被描述的金背蜘蛛。但其中一半以上是同一物种被命名了两三次。在这种情况下，按照优先原则，会采用较早的名称。他说："如果两种实际上是同一物种有两个名字，可能会得到戏剧性的结果。你总不想让它的名字就这么错下去吧。"

例如，1940 年，狼蛛系统学家拉尔夫 · V. 钱伯林（Ralph V. Chamberlin）命名了 *A. behlei*，他完成了许多关于金背蜘蛛属的早期工作。但是，汉密尔顿说，它实际上是马克思狼蛛（*A. marxi*），这个物种在 1891 年已经被尤金·西蒙（Eugene Simon）命名。钱柏林还命名了 *A. coloradanum*、*A. echinum*、*A. harlingenum*、*A. waconum* 和 *A. wichitanum*，但它们其实都是 1852 年首次被查尔斯 · 吉拉德（Charles Girard）描述的一种名为亨茨狼蛛（*A. hentz*）的常见的大体形浅棕色金背蜘蛛。换句话说，钱伯林给同一物种命名了 5 次。还有一个常见的物种，碘狼蛛（*A. iodius*），第一次于 1939 年被钱伯林和威尔顿·艾维（Wilton Ivie）命名，后面又被一次又一次地被命名为：*A. brunnius*（1940）、*A. chamberlini*（1995）、*A. iviei*（1995）、*A. lithodomum*（1940）、*A. smithi*（1995）和 *A. zionis*（1940）。

钱伯林也负责了后来 3 个名字的命名。汉密尔顿去掉了所有重复命名。现在美国这个种类有 29 种，55 个以前命名的物种减少到了 15 个，并增加了 14 个新物种。汉密尔顿说，它们属于 5 种不同的族。其他一些物种被归类为

nomina dubia，这个名字让人怀疑。它们可能根本不存在。许多命名都是根据一个单一的、只收集了一次就再也没见过的标本命名的——这些错误大多是在 20 世纪 30 年代和 40 年代产生的。

有几个新物种在博物馆藏品中等待了几十年才被描述：奇里卡华狼蛛（*A. chiricahua*）于 1956 年首次被收集，是亚利桑那州东南部奇里卡华山脉特有的物种。它生活在高海拔的松橡林中，陡峭翠绿的山脉周围是荒凉的沙漠，就像是天空中的绿岛。这种类型的地理环境产生了独立的生态系统，并有自己特有的物种：奇里卡华狐狸松鼠（*Sciurus nayaritensis chiricahuae*）、数种青蛙、60 多种蜗牛，以及许多其他地方没有的植物种类。

人们对于奇里卡华狼蛛的生活习性几乎一无所知。其他 3 个新物种——小隐狼蛛（*A. parvum*）、潘提斯狼蛛（*A. prenticei*）和西瓦西瓦狼蛛（*A. xwalxwal*）于 1963 年从美国西南地区收集。汉密尔顿说，另一种新物种巨人柱狼蛛（*A. saguaro*）的一种类型标本上没有日期，但它显然很古老，是欧文·布莱恩特（Owen Bryant）在亚利桑那州南部的巨人柱国家公园收集的。布莱恩特是一位多产的收藏家，1958 年去世后，他把全部财产都留给了加州科学院。他在 1936 年在同一地区采集了植物标本，巨人柱狼蛛可能就是在那时收集到的。汉密尔顿给另一个物种命名为约翰尼·卡什狼蛛（*A. johnnycashi*），这种狼蛛体黑、长腿，体形大到不可思议。其正模标本是在福尔松监狱附近收集的，这个监狱因约翰尼·卡什的歌曲《福尔森监狱蓝调》（*Folsom Prison Blues*）成名。新发现的蜘蛛中有 8 种是微型蜘蛛，代表了大部分新物种。

汉密尔顿的头发向后梳得油光发亮，看上去像 20 世纪 50 年代玩乡村摇滚的人。他的胳膊上刺着花纹，一只前臂上是达尔文，另一边是华莱士。他开玩笑说，如果跟人打架，他可以向神创论者展示自己的文身。其他文身有蛇的头骨、蜘蛛、他的偶像约翰尼·卡什，以及达尔文的物种进化树——那是达尔文一则日志上的素描，是第一幅系统进化树的图像。汉密尔顿生性沉静，说话时经常停顿，努力寻找合适的词语来表达自己的观点。但他觉得自己是个讲故事的好手。在成为进化生物学家之前，汉密尔顿是一名自由摄影记者，在饱受战争蹂躏的地方工作。2000 年，他在塞拉利昂武装冲突的地方工作；2005 年，他又去了利比里亚。

现在他通过讲述标本，告诉了我们一些关于狼蛛的非常有趣的故事。他彻底改变了我们对它们的分布、进化，以及它们在美国南部生活范围逐渐扩大的理解。要了解这些，藏品是很有帮助的。汉密尔顿有时也会收集到新鲜的标本——大约 1 800 件，它们来自美国西南部和西部各州，通过美国狼蛛协会（American Tarantula Society）一个基于公民的科学项目来到这里。新鲜的标本很重要。他说："要从罐子里抓一个标本出来，并正确地将其鉴定为物种，是非常困难的。它们只保存在乙醇中，会褪色。那些可能对研究有帮助的颜色都褪掉了。"

10 年来，汉密尔顿和他的合作者在美国各地收集狼蛛——从沙漠公路、大草原到森林小径的边缘。标本地点从停车场、学校的前台阶到露营地、微型高尔夫球场。他收集一次标本就要几个星期。汉密尔顿说："带着所有的野外设备和露营装备，把车整顿好，就可以出发了。每天你都要去不同的地方，有时一天会去好几个地方，这取决于收集的情况。有可能要在公园或露天或其他什么地方扎营过夜，然后第二天继续前进，到过的地方越多越好。"

他把水倒进一个洞里，弓着腰，等着蜘蛛出来，一般是它的腿先出来；或者继续挖洞，慢慢地用铲子把坚硬的泥土弄松，把洞扩大。在交配季的晚上，他发现雄性在黑暗中大摇大摆地走过西部的路道——月光下一条银色的路道上隐约出现了许多条腿的影子。

为了确定每个物种的生活范围，汉密尔顿测量了数千个标本：不同的腿部和甲壳的宽度和长度，以及生殖器的某些特征，这些特征在物种之间会表现出明显的差异。他通过全球定位系统（GPS）绘制出每个标本的采集地点，并制备了精确的、标出了每个物种活动范围的地图。此外，他还从新鲜的标本中提取DNA，并利用下一代测序技术对其进行放大，然后比较了狼蛛的基因组，发现了物种间微小但保存良好的差异。

“他们的优势在于使用了DNA。”伦敦的狼蛛专家安德鲁·史密斯（Andrew Smith）说。安德鲁·史密斯于1994年出版了《狼蛛：美国和墨西哥的狼蛛》（*Tarantula Spiders: Tarantulas of the USA and Mexico*）一书。20世纪80年代的大部分时间，他都在美国西南部收集狼蛛的标本，其中很多目前都收藏于英国自然历史博物馆。当时，史密斯完全靠形态辨别生物，那时还没有能够比较不同物种DNA的技术。几十年前，史密斯描述了几个物种，汉密尔顿后来把它们命名为*nomina dubia*。史密斯说，像原子狼蛛这样的标本在收集过程中会有很长一段时间无法确认类别，因为去确认它们类别的专家太少了。

史密斯说：“我基本上是在20世纪80年代中期开始从事这项工作的。从20世纪30年代开始，就没有人做过这些。”博物馆有时间积累新标本。他说，新标本通常被认定为一种常见的物种，比如碘狼蛛。他轻声笑着说：“一个罐子里可能有120个标本，罐子又有三四十个，上面的标签都是一样的。除非研究人员有大量的时间来研究所有这些标本，轮流检查每个标本，不然这些标本就会被错误地分类。”

史密斯认为自己是一位蜘蛛历史学家。他在巴西那里拍摄了一部名为《1640年：第一只狼蛛》（*1640: The First Tarantula Spider*）的纪录片，最近刚从那里回来。他说：“有3幅画于1640—1648年间的画，是荷兰人画的。那是一个几乎被遗忘的历史时期，那时荷兰以累西腓为中心控制巴西40多年。在这段短暂的时间内，荷兰人展现了自己的特点，他们派出了科学考察队，将大量的材料运回荷兰。他们有博物学家、画家——这些人基本上都在收集数据。”这3幅画每一幅都有一只狼蛛。史密斯说:“我们确实回到了累西腓地区，试图找到画中的蜘蛛。”

1636年，德国博物学家奥尔格·马克格拉夫（Georg Markgraf）参与了荷兰人对巴西的首次探险，从该地区采集了大量的动植物标本。荷兰艺术家阿尔伯特·埃克豪特（Albert Eckhout）也去了，用绘画记录了这次探险。史密斯说：“埃克豪特有一幅著名绘画，画的是一个印第安人。在这幅画的左下角有一只狼蛛。如果你是狼蛛迷，那么很容易就能看出它是亚马孙巨人食鸟蛛，但在累西腓地区却找不到这种蜘蛛。”这是个难题。史密斯认为这种蜘蛛来自更远的地方——位于累西腓北部亚马孙盆地深处的一个荷兰堡垒附近。他说：“我怀疑马克格拉夫把那只蜘蛛带回了累西腓，然后说：‘看哪！我们可从未见过这么大的蜘蛛。’亚马孙巨人食鸟蛛是世界上最大的狼蛛，就像只野兽，有餐盘那么大。你想象一下，一个17世纪早期的博物学家捕获了世界上最大的蜘蛛。如果是你，你也要把它带回来给大家看看，对吧？”之后它被画进了画里，虽然不太协调。史密斯说：“当然，这位画家看过这只蜘蛛，放弃了把一只本地蜘蛛放进画作角落里的想法。他现在把这家伙塞了进去，因为它是一只野兽，他喜欢它。他是个艺术家。”

卡塔琳娜狼蛛（*Aphonopelma catalina*）是通过从亚利桑那州图森市附近的圣卡塔琳娜山及其周围收集的6个标本而被人得知的。也许在美国西部和西南部的其他地方，未知的金背蜘蛛仍在等待着被发现。它们可能生活在蛛形动物学家尚未调查过的、范围有限的小环境中：新墨西哥州受烈日曝晒的河谷、洛杉矶或拉斯维加斯等城市的郊区，或科罗拉多州的大草原。汉密尔顿认为，在新墨西哥州西南部和亚利桑那州东南部与世隔绝的“空中绿岛”上可能会发现更多未知物种，那是一个极具挑战性的调查地。来自这些地区的未知标本可能已经被保存在自然历史博物馆的酒精中。史密斯说：“有时候你最终得到标本会被堆放在罐子里，然后被推到了后面。”

就像在20世纪30年代从高耸、树干般挺拔的树形仙人掌丛中收集到巨人柱狼蛛一样，它们可能以前也被收集过，可能是100年前从陷阱中捡到的，也可能是更久以前被错误标记或没有命名就被放入装有酒精的瓶子中。史密斯满怀希望地说，在未来，也许他收集的一些*nomina dubia*也会被“复活”；只需要从罐子里的100件碘狼蛛标本下面意外地发现另一件标本，他曾经描述过的物种就可以“复活”。与此同时，那些装满了标本的瓶子就在架子上和橱柜里等待着，充满了各种可能性。

最周到的主人：螺旋线虫

（*Ohbayashinema aspeira*）

很久以前，在美国西部，提顿山脉神话般的山峰环绕，生态学家奥劳斯·穆里（Olaus Murie）在这里弯腰从地上捡起一只死去的美洲鼠兔（American pika）。鼠兔学名为 *Ochotona princeps*，生活在美国西部各州的高海拔地区，在兔子家族中体形较小，有着像老鼠一样的圆形耳朵，眼睛闪闪发光，像黑色的小纽扣。但是穆里很快就发现这个特殊的鼠兔标本并不止于此。它是个"房车"：体内寄居着大量的寄生虫，这些寄生虫在它的体内悄无声息地盘旋、缠绕。

埃里克·霍伯格（Eric Hoberg）是美国农业部农业研究院的动物研究专家，也是寄生虫，尤其是蠕虫的专家。他同时还是美国国家自然历史博物馆寄生线虫藏品的策展人。2010 年，霍伯格描述了一种新的线虫。这种线虫是穆里在 1930 年从收集的鼠兔身上采集的，等了 80 年才被命名。

这种蠕虫在《寄生虫学杂志》（*Journal of Parasitology*）的一篇论文中被命名为线虫。霍伯格说："它看起来有点像螺旋开瓶器。"有一张大概在霍伯格描述蠕虫的时候拍摄的照片，照片里，60 多岁胡子花白的霍伯格手里拿着一个高高的玻璃瓶，里面装满了看起来像半磅刚煮熟的面条一样的东西。图片说明写着："埃里克 · 霍伯格，美国国家寄生虫藏品中心的首席策展人，正在检查浣熊身上的蛔虫标本，这些标本对人类感染构成潜在威胁。”

准确地说，烧瓶里的蛔虫是柱状蛔线虫（*Ascaris columnaris*），是在 1930 年 12 月从宾夕法尼亚州哈里斯堡附近的一只浣熊小肠中收集到的。霍伯格周围的架子上遍布着装满寄生虫标本的罐子，有些可能有几十年的历史，有些甚至是几百年。标签是手写的，已经褪了色。他说：“可以说，这是世界上最大的寄生虫收藏地之一，其中主要是蠕虫的。”他估计这里总共有大约 2 000 万件标本。

这些藏品来自一个看不见的世界。在书架上紧挨着他的是一罐小抹香鲸胃里的线虫标本；1934 年，人们在佛罗里达州昆西的绵羊体内采集了肠道寄生虫，这些寄生虫漂浮在羊肚里，就像一个慢慢散开的纱线球；还有一罐 1921 年从得克萨斯州沃斯堡的牛体内收集的可怕的肝吸虫，每个都是拇指大小。这些标本都在这里。

换句话说，霍伯格是恐怖屋的看守人。

1930 年 10 月 30 日，穆里在怀俄明州收集到了鼠兔。他将它解剖，取出整个胃肠道，发现了里面的“房客”，就把它们送到了美国国家寄生虫藏品中心。

1930 年 12 月，美国农业部的线虫学家杰拉德·迪克曼斯（Gerard Dikmans）描述了一种从鼠兔身上捕获的蠕虫，这是一种相对较长的直线型线虫，体长 10 ～ 15 毫米。迪克曼斯以穆里的名字将其命名为穆里线虫（*Murielus harpespiculus*）。但瓶子里还有另一条虫子。迪克曼斯没有看到它，因为它被更大、更显眼的虫子挡住了。在迪克曼斯描述了那种更大的蠕虫之后，装有类型标本的小瓶被纳入美国国家寄生虫藏品中心，放在了架子上，旁边是装着肝吸虫、蛲虫和浣熊肠子里的蛔虫的瓶子。后来它几乎被人们遗忘了。

北密歇根大学的生物学家科特·加尔布雷思（Kurt Galbreath）是第一个注意到螺旋线虫（*Ohbayashinema aspeira*）的人。他是霍伯格的合作者之一。在怀俄明和华盛顿州的野外工作期间，加尔布雷思一直在捕捉鼠兔并收集它们的肠道寄生虫，就像穆里在 1930 年所做的那样。他期望在那里收集穆里线虫。但除此之外，加尔布雷思还有些意外收获，他发现了一些其他的东西。

霍伯格说："有一些奇怪的小线虫只在他收集的一个地方被发现。我们不知道它们到底是什么，于是暂时把它们放在了一边。"为了进一步研究，霍伯格决定从美国国家寄生藏品中心获取 80 年前的穆里线虫标本。他说："我把瓶子的东西倒进盘子里，想着：哦，这里还有别的东西。"那和最近收集的标本一样。让霍伯格和加尔布雷思困惑的是同一种蠕虫：古怪的东西——小小的，像螺旋开瓶器一样的虫子。瓶子里只有两只，都是雌的。起初，它们几乎太小了，根本看不见，像小线圈一样漂浮在盘子里。"后来我们发现，这些标本自 1930 年以来就一直保存着，没有被认出来。"霍伯格说。

线虫门的多样性令人难以置信，包括至少 25 000 种已经被描述的物种。它们中的许多种类是非寄生的。有些蠕虫是寄生的，生活在其他物种的体内。霍伯格估计，总共可能有多达 100 万种线虫，其中大多数仍未被描述。它们无处不在，存在于各种各样的环境中。在脆弱的、几乎没有生命存在的南极地区生活的一种 1 毫米长的线虫 *Scottnema lindsayae*，它是分布最广的陆地动物之一，以藻类和细菌为食。在缺水的困难时期，它会减缓新陈代谢并变干，在南极山谷干燥的岩石土壤中等待降水。还有其他线虫生活在沙漠中、海底的泥沙中，或者火山中。德国啤酒垫线虫（*Panagrellus redivivus*）是一种非寄生线虫，几乎只存在于德国酒吧的吸水垫上。肠道寄生虫栖息于地球上的一切动物体内：哺乳动物、鸟类、昆虫、鱼类。长到 28 英尺以上的巨大胎盘线虫（*Placentonema gigantissima*）寄生在抹香鲸的胎盘上；蝗索线虫（*Mermis nigrescens*）寄生于蚱蜢体内，身长竟然接近 8 英寸，就像一个蠕动的线圈变魔术般从一只死去的蚱蜢身上钻出来，不过没人想看这个魔术。就连蚯蚓（*Lumbricus terrestris*）体内也有线虫寄生——虫子寄生在虫子体内。

1914 年，为线虫分类奠定基础的美国线虫学家内森·奥古斯都·科布（Nathan Augustus Cobb）写道：

> 简言之，如果地球上除了线虫之外的所有物质都消失，我们的地球将仍然是依稀可辨的。如果我们作为脱离肉体的灵魂来研究地球，我们将会发现地球的山脉、丘陵、峡谷、河流、湖泊和海洋都由一层线虫展现出来。城镇的位置可以辨认，因为每聚集一群人，就会相应地聚集一群线虫。树木依然阴森地排列着，代表着街道和高速公路。各种动植物的位置仍然可以辨认。而且，如果我们具备足够的知识，在许多情况下，甚至可以通过检查动植物们生前的线虫寄生虫来确定其物种。

线虫体表有一层保护性的外部角质层。霍伯格说："在这类线虫中，表面角质层的结构可以用来进行鉴别。"他用显微镜仔细地观察线虫的特征，计算出它们表皮上的皱褶，并凑近检测它们细微的结构。这种线虫很不寻常：它身上的线圈紧紧地缠绕着自己——总共 10 ～ 12 个螺旋，只有身体笔直的前部不是这样，因此它的物种名为"*aspeira*"，在希腊语中是"螺旋"的意思。

2015 年 7 月，霍伯格坐在一架单引擎水上飞机的狭小机舱里，飞越西北航道，前往剑桥湾，那是加拿大努勒维特省维多利亚岛上一个 1 500 人的小村庄，位于北极圈之内的极北区。努勒维特的当地人说的是因纽特语。霍伯格与他们合作，从他们捕猎的麋鹿、驼鹿和北美驯鹿等大型哺乳动物体内获取标本。霍伯格驾驶飞机掠过冻土带。那是一片宽阔、平坦、无边无际的绿色土地，到处点缀着小而不规则的水塘。他身后的机舱里有几只从冻土带上采集的被钉在纸板上的胖乎乎的田鼠和旅鼠标本。

霍伯格也会从它们的肠道中收集寄生虫。这些标本最终将为他提供一个能够更好地了解复杂的北极生态系统的独特窗口。自 20 世纪 70 年代以来，霍伯格与一组合作者一直在北极地区对哺乳动物及其病原体进行长期的生物多样性编目。为了工作，他到达了世界的边缘许多偏远的、冰雪覆盖的地方：西伯利亚、阿留申群岛、阿拉斯加和加拿大西北地区的许多地方。他曾到芬兰的拉普兰、鄂霍次克海的泰兰岛，以及加拿大最北端、人口最少的努勒维特进行过长期的野外考察。他曾在帕尔默站待过一段时间。帕尔默站是位于南极半岛昂韦尔岛的美国南极项目研究基地。照片中的帕尔默站看起来就像几个屋顶带天线的棚屋，坐落在岩石嶙峋、寸草不生的陆架上，背倚着一堵冰崖。霍伯格说，他的团队共同探索了北极哺乳动物中不同寄生虫的多样性和分布，“从最小的鼩鼱到大型有蹄类动物，比如驼鹿、麝牛、北美驯鹿和食肉动物，涵盖了各种各样的动物”。

换句话说，线虫不仅仅是线虫。从一种小型哺乳动物——怀俄明的鼠兔或努勒维特的旅鼠——的前小肠中提取的一条线虫就可以向霍伯格提供它所寄生的动物的丰富信息。但它能传递的信息不只如此，它还可以告诉霍伯格其隶属的更大的种群的信息，以及在更大的生态系统中这个种群与不同物种相互作用的方式。隐藏在哺乳动物小肠中的微小寄生虫可以反映出正在发生的更大的变化。

整个北极的环境正在发生变化：全球海冰正在以比预期更快的速度融化；

气温正在上升。生态系统对变化做出了反应：鼠兔迁移到新的地方；有蹄类动物改变了习惯；食肉动物开始猎食新的猎物；有时寄生虫会找新的寄主；偶尔宿主种群会崩溃。整个复杂的、涉及多种生物在不同栖息地中迁徙的连锁反应，可以通过鼠兔、麋鹿或营养不良的北极狐胃肠道中的寄生虫来揭示。

霍伯格认为自己是一个生物地理学家，而不是一个分类学家。他说他的分类工作带有偶然性，虽然这些工作对寄生虫学领域很重要。他是个务实的人：他给物种命名是因为它们没有名字。这些新发现的物种让他对一个脆弱的生态系统中正在发生的变化有了更全面的了解。他早期在寄生虫学方面的工作经历，先是在阿拉斯加大学进行研究。然后，他在 20 世纪 70 年代去了萨斯喀彻温大学。那时，他的研究集中在北太平洋和白令海的海鸟种群上。

他说："我对寄生虫学的兴趣主要集中在寄生虫传达给我们的关于范围更广大的生物圈的信息。"他的研究始于海鸟，在过去的 40 年中已经扩展到整个全北区的动物群。全北区是一个包括全世界北纬地区的巨大的全球动物群区域。

霍伯格总共描述了 42 个新物种、20 个新属，以及一种新的寄生虫目。目前，他正在对几种新的绦虫物种进行鉴定。他把它们简称为"带"。这些绦虫来自许多寄主物种。霍伯格说，博物馆藏品对他的分类工作而言至关重要。它们提供了寄生者与被寄生者关系的时间记录，其他任何方式都无法查阅的一个跨越时间的记录。生物调查的结果就像某个时间点的快照。20 世纪 70 年代进行的一项北极生物调查与 2017 年的另一项调查之间的差异是有意义的。对霍伯格来说，比较不同时间的寄生虫调查结果，就像北极冰盖随时间推移而缩小的延时照片一样有用。

他实事求是地说："今天早上我正在处理一个有 210 年历史的标本。"这是一大堆绦虫，是卡尔·鲁道夫（Karl Rudolphi）在1810年前不久收集的。瑞典博物学家卡尔·鲁道夫1832年去世，但在此前不久他获得了一个没人想要的头衔：寄生虫学之父。这种绦虫属于一种叫作扩展莫尼茨绦虫（*Moniezia expansa*）的物种。霍伯格说：“它是美国国家寄生虫藏品中心收藏的第18个标本。”

扩展莫尼茨绦虫发现于反刍动物体内，是一种最高级的寄生虫。它可以长到10米长，像一条扁平的、没有尽头的淡色带子，以看不见的方式在肠道中生长。霍伯格为芬兰自然历史博物馆的维托·豪吉萨尔米（Voitto Haukisalmi）从藏品中找到了这个标本。豪吉萨尔米正在研究驯鹿和麋鹿等有蹄类动物体内绦虫的多样性，他是霍伯格的合作者之一。霍伯格怀疑扩展莫尼茨绦虫根本不是一个物种，而是许多有密切关系的物种的综合体。

霍伯格说，这个世界正在发生变化。每次他回到北极，飞过白令海沿岸西北地区的冻土带，他都能目睹这些变化。肠道寄生虫帮助像霍伯格这样的研究人员了解这些环境变化对脆弱生态系统的细微影响。霍伯格说：“往窗外看，你看到的是生物圈的本来面目。”通过自然历史博物馆的藏品，他可以看到生物圈曾经的样子。藏品只会随着时间的推移而发挥越来越大的作用。“它们基本上是我们对生物圈所了解的一切的基础。”

plectocheilus, Benson.
plectocheilus, Bs.
prosectus, Bs.
Khasi Hills, coll. W. T. Blanford.
plectochilus. Bs.
A. prosectus. Bs var
ALYCÆUS
plectocheilus.
Darjiling. ?.
1932.06.1.1.
pusillus, GA.

来自克伦威尔路的时光机器：阿布莱特蜗牛

（*Pseudopomatias abletti*）

巴纳·帕罗-盖尔盖伊（Barna Pall-Gergely）从一个结实的小盒子里取出一个细长的，大约有我食指那么大的玻璃瓶，里面是一个精致的螺旋形的壳，像一个锥形炮塔，被保护性的聚合羊毛茧制保持在适当的位置。壳是骨头的颜色，表面有棱纹。

这个壳现在已经空了，它曾经属于一只生活在喜马拉雅山的蜗牛。尽管它是150多年前收集的，但至今仍未命名。随着时间的推移，它已成为一件人工制品。它是英国自然历史博物馆900万件软体动物标本的其中一个，这里面最古老的标本是汉斯·斯隆（Hans Sloane）1753年去世后给大英博物馆的遗赠，是大英博物馆最早的藏品之一。这些标本塞满了帕罗-盖尔盖伊周围的抽屉和橱柜，像是一个由抽屉和小盒子组成的城市。它总共包含了大约66 000个类型标本——整个物种的凭证标本。

帕罗-盖尔盖伊是匈牙利人，日本松本市新树大学的博士后，也是一位研究壳类的软体动物学家。他小心翼翼地把壳放在解剖显微镜的物镜下，在放大镜下仔细检查它的螺纹和骨缝。他说："我研究不同种类蜗牛的经典分类法，主要是东南亚的蜗牛。"

2015 年 3 月，帕罗 - 盖尔盖伊在《动物分类学》(*Zootaxa*) 杂志上发表了关于蛳豆蜗牛属修订的文章。该属的物种从喜马拉雅山到台湾岛都有发现，由相对较小的有 5 ～ 15 毫米高的涡轮状外壳腹足动物组成。它们身形修长，尖顶。从分类上看，它们属于有盖蜗牛的豆蜗牛科。他解释道：“它们有一扇小门，叫作盖。当它们进入壳内时，就会用盖把洞口封上。”

显微镜下的这个小小的、属于一只生活在喜马拉雅山的蜗牛的壳就是其中之一——蛳豆蜗牛。帕罗 - 盖尔盖伊以乔恩·阿布莱特(Jon Ablett)的名字，把它命名为阿布莱特蜗牛，乔恩·阿布莱特担任英国自然历史博物馆软体动物藏品的策展人超过 12 年。阿布莱特蜗牛有小而粗的壳，大约 6 毫米高，外形短胖，腹部滚圆。1859 年末，英国博物学家和软体动物学家威廉·托马斯·布兰福德（William Thomas Blanford）收集了正模标本。它来自印度北部的大吉岭，在喜马拉雅山脉翠绿的山脚下。它与该地区发现的另一种常见物种——喜马拉雅蜗牛非常相似。喜马拉雅蜗牛也有一个淡色的塔状外壳，深灰色的骨缝线沿着细如铅笔线的螺旋线，一直延伸到它那被称为原壳的钝尖。但是有一些使它和其他物种区别开来的细微差别。当帕罗 - 盖尔盖伊仔细观察它那不寻常的、微微呈三角形的开口，研究蜗牛壳上的骨缝和壳体时，他立刻就看出其最典型的特征了。

帕罗 - 盖尔盖伊在伦敦的软体动物标本收藏中发现了阿布莱特蜗牛的正模标本，在一个据说只装了喜马拉雅蜗牛标本的盒子里。盒子的顶部是一个用厚厚的黑色墨水手写的标签：“大蜗牛属（*Pomatias*），喜马拉雅，大吉岭，W. T. 布兰福德先生”。他告诉我，盒子里面有 4 个亮晶晶的奶油色小尖顶壳，但实际上只有 2 个是喜马拉雅蜗牛。它们是不同的，但还不足以引起非专业人士的注意。150 多年来一直没人注意它们。同样的情况在世界各地的标本藏品中也存在，他说：混在喜马拉雅蜗牛贝壳中的是更小的阿布莱特蜗牛，它们的螺旋稍微变平了。“研究这些材料的人没有意识到在一个标本盒中有两个物种。”

当帕罗 - 盖尔盖伊在自然历史博物馆的抽屉里寻找喜马拉雅和东南亚蜗牛物种的标本时，他是在回溯过去，与现代软体动物学的一些创始人合作。为了进行比较，他检查了两个多世纪前的软体动物学家在某些情况下收集的类型标本。在他面前成千上万个纺锤形的小蜗牛壳是由几位勇敢的维多利亚时代英国科学家收集的。这几位收藏家和分类学家进行了密切的合作。他们在寻找热带和亚热带的腹足类动物——陆生蜗牛。虽然不是去捕猎老虎，但这份工作仍然很危险，他们需要去地球上一些最为人迹罕至的地方。

帕罗 - 盖尔盖伊曾在英国自然历史博物馆由阿布莱特管理的档案室里待了几个星期，测量亨利 · 哈弗沙姆 · 戈德温 - 奥斯汀（Henry Haversham Godwin- Austen）收集的标本。戈德温 - 奥斯汀生于 1834 年，是一位探险家、制图师和业余博物学家。他参与了“印度大三角”勘察的工作，这是东印度公司为绘制包括喜马拉雅山在内的偏远和未知地区地图而进行的一项工作。在 1856 年时，戈德温 - 奥斯汀还是个年轻人，他加入了这项工作，此前他帮助绘制了缅甸伊洛瓦底江三角洲的地图。刚到印度不久，他就遭到了袭击和殴打，不得不回到英国休养一年。但到了 1860 年，他又回到克什米尔，考察了喀喇昆仑山脉，这是一个由经风侵袭的山脉组成的巨大山群，高山密集程度是世界之最。戈德温 - 奥斯汀蓄着像雪纳瑞犬一样的胡子，在那里的高海拔山区不屈不挠地工作，有些人称他为他那个时代最伟大的登山运动员。

乔戈里峰（K2）海拔 28 251 英尺，是仅次于珠穆朗玛峰的世界第二高峰，官方名称曾为戈德温 - 奥斯汀峰。它的山峰像一个巨大的积雪覆盖的倒 V 形，从戈德温 - 奥斯汀冰川的底部耸起。为了查明它那难以捉摸的峰顶的确切位

乔戈里峰

置，戈德温 - 奥斯汀穿越一座座高耸陡峭、冰雪覆盖的山峰，向上攀登。他沿着 25 659 英尺的玛夏布洛姆峰（K1）的一个迎风山坡前进，又向上攀登了 2 000 英尺，在慕士塔格冰川之上悬荡，以确定乔戈里峰的位置。尽管戈德温 - 奥斯汀在高海拔地区收获颇丰，但他最感兴趣的是小型印度陆生蜗牛。他像一个勘探者一样在高耸的山峰脚下仔细筛选枯叶，收集蜗牛的空壳。

就像几乎所有维多利亚时期的软体动物学家一样，在这个领域，戈德温 - 奥斯汀利用了当地的采集者。他在 1892 年写道："我发现他们具有非常敏锐的视力，很快就能辨认出不同的种类和我最想要的种类。多尔蒂先生给纳加一家两卢比买蜗牛壳，实在是太慷慨了。在森林里和喧闹的丛林峡谷里，有时会成群地出现水蛭，这项工作并不非常愉悦，只是在这条卑微的探索之路上，不管何时发现一种新形态的动物都会使人陡升兴趣、十分兴奋，我在过去的几个小时里就是这样的。"

布兰福德最初在大吉岭收集阿布莱特蜗牛的时候也是一名公务员。从 1855 年往后的近 30 年里，他一直是印度地质调查局的地质学家。他哥哥和他一起工作。无论到哪里，他们都要在潮湿的灌木丛中寻找蜗牛，把蜗牛壳寄给世界各地的合作者。1859 年 1 月，威廉 · 亨利 · 本森（William Henry Benson）根据布兰福德送给他的贝壳首次描述了喜马拉雅蜗牛，发表在《自然史杂志》（*Annals and Magazine of Natural History*）上。他写道："一个年轻的贝壳，清晰的淡角质色。"它在拉丁语中的形态描述听起来像咒语："壳上有穿孔，尖顶，像海螺一样。"（Testa perforata，attenuato-turrita，uscula，confertim crassicostata.）

本森曾在印度为东印度公司工作。他描述了几个来自亚洲的软体动物新物种。1870 年去世时，他将自己收藏的数千枚蜗牛壳遗赠给了希尔瓦纳斯·汉利（Sylvanus Hanley）。希尔瓦纳斯 · 汉利是一名贝壳学家和软体动物学家，以发表了第一次运用摄影进行贝壳的科学研究而闻名。有件比较出名的事：汉利删除了本森的类型标本的所有地点数据，只简单地用“印度”代替。戈德温 - 奥斯汀、布兰福德、本森等人一起奠定了软体动物学的基础。

帕罗 - 盖尔盖伊戴着眼镜，说话轻声细语。自 2011 年以来，他一直在日本长野县新树大学生活和工作。他用一口完美、措辞考究的英语说道，自己在匈牙利长大，从小就对贝壳着迷。在他 5 岁的时候，就已经在收集大型的、色彩斑斓的海螺标本了。十几岁时，他对蜗牛产生了兴趣，并开始收集自己的蜗牛标本——来自罗马尼亚喀尔巴阡群岛、南欧和土耳其的蜗牛壳。在研究他的朋友、业余的匈牙利软体动物学家安德拉斯·胡尼奥迪（Andras Hunyadi）收集的标本时，帕罗 - 盖尔盖伊开始研究亚洲蜗牛。他仅根据胡尼奥迪的收藏，就已经描述了将近 40 种分类群。他说：“我意识到，寻找那些从未被任何人发现过的物种，并根据新的形态学特征对旧的物种进行重新分类真的很有意思。”

帕罗 - 盖尔盖伊还从其他地方借来了一些贝壳：从法兰克福的森肯伯格博物馆到法国国家自然历史博物馆的大量旧藏品。欧洲收藏的许多贝壳都是旧的，而且没有日期；这些标本已开始显示出它年代之久远。他说：“在奥地利的维也纳博物馆，在很多情况下，这些有百年历史的标本被全部销毁了。”

令人惊讶的是，收藏的贝壳并不比保存在液体中的哺乳动物皮肤或蛇更耐久。长期收藏的贝壳经常会开始表现出拜尼西亚损伤，这是一种化学反应，在木制橱柜中积累的酸性烟尘和贝壳表面的碳酸钙之间发生作用。碳酸钙是贝壳的基本成分，这种损伤是不可逆转的。旧软体动物标本的表面以点状和线状布满了盐晶，这些盐晶就像相互连接的霉菌群。

除了形态学，帕罗 - 盖尔盖伊还从一些标本中提取了 DNA，并对其进行测序，以检验蛳豆蜗牛壳与其他陆生螺群之间的系统发育相似性。虽然蜗牛的壳基本上是空的，但它壳内的螺纹和螺旋上都留下了 DNA 的痕迹。他小心翼翼地在上方的螺纹上钻一个小孔，然后用吸管把消化缓冲液注入壳里，以获得 DNA。通过 DNA 他可以生成分子数据，直接比较不同物种的基因组。帕罗 - 盖尔盖伊在物种修订中描述了总共 11 个新物种。他说 ："其中可能有 8 件来自非常古老的博物馆藏品。"

它们最初是来自东南亚和遥远的印度北部，以及沿着越南与中国的边界延伸的越南东北部的山区。有些是从锡金收集的，锡金的北部是中国的西藏，东部是不丹，西部是尼泊尔。另一些则是在喜马拉雅山南侧较低海拔的潮湿灌木丛中发现的，那是杂草丛生、背倚连绵不断的墙一般的山峰、几乎被遗忘的偏远之处。还有一些是从更远的东部，沿着缅甸和印度之间起伏的绿色边界收集到的。

帕罗 - 盖尔盖伊说 ："一般来说，因为蜗牛壳的材料是碳酸钙，所以它们更喜欢石灰岩做栖息地。虽然也有例外，但在石灰岩山脉周围发现的蜗牛种类最多。" 因此蜗牛壳相对容易收集。"如果有巨大的垂直石灰岩悬崖，你只需要从岩石底部收集标本就行了。比如翻开落下的枯叶，就可以找到很多蜗牛壳。"

在大多数情况下，这种新物种被错误地归类。帕罗 - 盖尔盖伊说 ："在某些情况下，标签上只有一个名字，但玻璃瓶里有 2 种甚至 3 种物种。如果它们都来自同一个地方，就比较容易看出它们之间的差异。" 还有一些收集者在发现标本的那一刻就知道它们是未命名的物种，但出于某种原因没有正式描述它们。他说 ："他们认识到这是一个新物种，他们甚至给它起了一个名字，通常只是根据最明显的外壳特征或收集地点，把它写在标签上。但是之后就置之不理了。这个标本在科学界并不为人所知。”

山南蜗牛（*P. shanensis*）是根据 1895 年从缅甸一个偏远地区采集的单个蜗牛壳标本描述的。帕罗 - 盖尔盖伊在其他的藏品中都没有见过它。人们只能从模式标本集中了解雷斯切茨蜗牛（*P. reischuetzi*），模式标本集是戈德温 - 奥斯汀于 1903 年在罗塔那加（Lhota Naga）收集的一些蜗牛壳。在遥远的不丹西部，戈德温 - 奥斯汀收集了另一种新物种：哈里蜗牛（*P. harli*）。

这些蜗牛壳本身作为生物多样性中不可或缺的组成部分，其重要性可见一斑。但更为重要的是，这些藏品还能告诉我们一些其他东西。就像克拉斯·杜威·迪杰斯特拉发现的非洲蜻蜓一样，蜗牛是一种前卫动物，能告诉我们复杂生态系统的相对健康状况。根据国际自然保护联盟的数据，软体动物是所有物种中受灭绝速度加快影响最大的物种之一。它们迁移的速度很慢。随着当地条件的变化，蜗牛要么适应了环境，要么灭绝了。它们是环境变化的晴雨表。许多蜗牛消失了。我们很可能低估了软体动物灭绝的重要性：没有人注意到这是一个无名物种的消失。但最终，通过标本，软体动物学家发现了广泛而缓慢的环境变化：适应、衰退、入侵、灭绝。研究表明，受气候变化影响地区的蜗牛通过生产浅色外壳来反射更多的阳光，从而适应气候变化。但是其他物种正在完全消失。在整个太平洋地区，众多的蜗牛物种已经被入侵物种玫瑰橡子螺（*Euglandina rose*）所取代。那是一种食肉蜗牛，俗名为玫瑰狼蜗，会捕食其他蜗牛和蛞蝓。一个古老的标本，就比如被阿布莱特管理过的那个藏品，就像在伦敦西部的克伦威尔路上一座耸立在灰色的天空中巨大的教堂状石头建筑内部的一个时光机器。这些变化可能发生在 100 年或者更早以前，但都反映在这些藏品中，使像帕罗 - 盖尔盖伊这样的研究人员走过传送门，抵达 19 世纪 60 年代印度的大吉岭、不丹、中国的南部，或其他任何想去的地方。

他说，还有许多其他的蜗牛壳在等着有人去发现，一些还未被发现的东西等待有人去辨认：有棱纹的螺旋的精准曲线，或者孔的形状，它的边缘或像向外开展的喇叭口，或像耳朵的耳廓。他正一个个地发现它们，并一一为它们取好了名字。

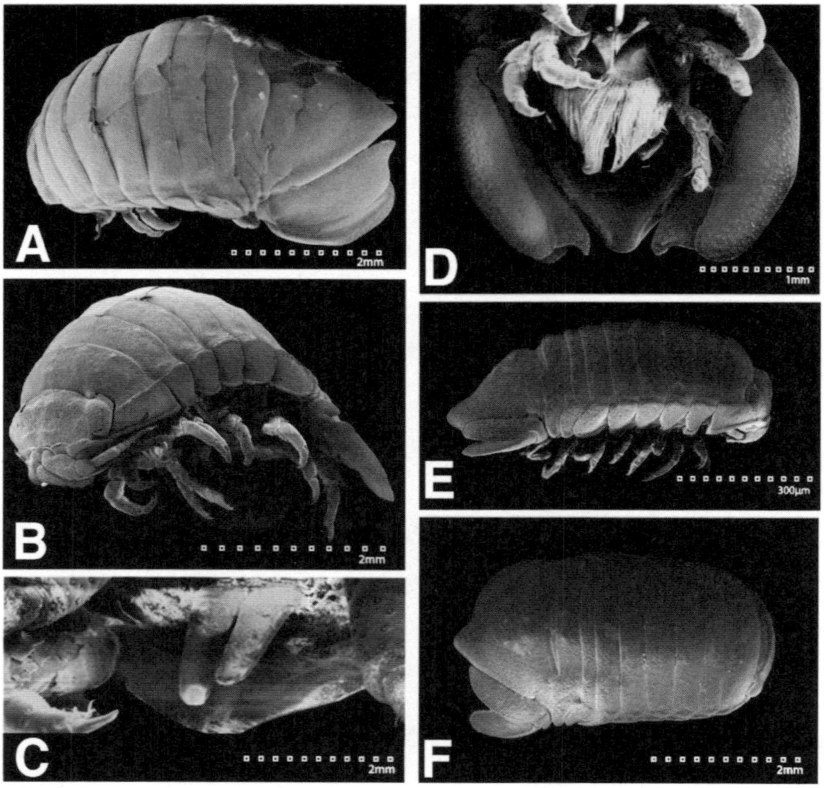
A
2mm
B
2mm
C
2mm
D
1mm
E
300μm
F
2mm

无尽旷野：倍登等足虫

（*Exosphaeroma paydenae*）

在扫描电镜下，倍登等足虫（Payden's Isopod）就像一只巨大的黑白犰狳。它光滑弯曲的身体上覆盖着一排排保护性骨板——一种坚硬的外骨骼。事实上，尽管屏幕上的倍登等足虫就像若隐若现的幽灵战车，但在现实中它比豌豆还小，最大的倍登等足虫也不到 7 毫米长。这是一种生活于潮间带的等足类动物，俗称海洋鼠妇，相当于陆上的木虱。倍登等足虫的正模标本于 1873 年收集。一个多世纪没有被检测后，2015 年，洛杉矶县自然历史博物馆的分类学家们终于对它进行了描述。

2004 年 3 月的一天，洛杉矶自然历史博物馆的副研究员迪安·彭彻夫（Dean Pentcheff）正在靠近洛杉矶最南端的太平洋潮间带的浅水中涉水。彭彻夫留着一头长发和灰白胡须。洛约拉·马里蒙特大学的学生们穿着靴子，散布在海滩上四处考察。为了无脊椎动物动物学的入门课程，他们和彭彻夫到帕希尔德尔玛的狭窄海岸线进行了一次实地考察。圣佩德罗的蓝领社区跨过岩石海滩一直延伸到内陆。在北边，洛杉矶继续着无休止的扩张。往西不到一英里，洛杉矶港的起重机绕轴旋转，提起重物，不知疲倦地搭起集装箱。

彭彻夫在水里发现了什么。他把一颗普通的海星轻轻地拉到水面，水在往下滴落。在它五根触手的其中一根上，有一只海洋鼠妇——小小的，戴着盔甲。彭彻夫把它捧在手里，看着它在加利福尼亚的阳光下扭动弹跳着。如果换一天的话，他可能根本就找不到它了。尽管它很小，但彭彻夫立刻就意识到这个胖乎乎的东西不寻常。他以前在这里发现过这类生物，但这次不一样。它弯曲的背部骨板上布满了肉眼可见的一排又一排针状凸起的小疙瘩。因为从未见过这样的等足动物，彭彻夫把它保存了下来。

洛杉矶自然历史博物馆负责甲壳类动物的助理藏品经理亚当·沃尔（Adam Wall）说："他把这个标本带了进来，给里贾纳和我看。"沃尔与海洋生物多样性中心副馆长兼主任里贾纳·韦泽尔（Regina Wetzer）合作，在高倍镜下仔细观察了这个标本，意识到它的独特性。

2015 年，有人描述了这个新物种，以彭彻夫的名字命名为彭彻夫等足虫（*Exosphaeroma pentcheffi*）。它被发现于离洛杉矶市中心非常近的帕希尔德尔玛海岸线深度 3 英尺的水里，这提醒我们，新物种并不只存在于偏僻的雨林中。它不是来自巴布亚新几内亚一座死火山的绿色森林屏障。相反，它居住在世界上最大的城市中心之一的郊区，而一直没有被人发现。

人们对它的生活习性几乎一无所知，对它的生活范围也不清楚。它可能只栖息在这一片海滩上，不居住在其他地方。在一项类似的发现中，洛杉矶县自然历史博物馆的昆虫学家 2015 年宣布，在城市的后院发现了 30 种新的苍蝇。这个项目始于一个博物馆托管人和昆虫学家布莱恩·布朗（Brian Brown）之间的打赌。布莱恩·布朗是研究昆虫生物多样性的公民科学普及项目生物观察（BioScan）的首席研究员，他声称自己可以在洛杉矶的一个后院发现一个新物种。有 30 位房主同意在后院设置昆虫陷阱。陷阱遍布伯班克和格伦代尔、好莱坞、韩国城等洛杉矶各地。在研究的最初几周，研究人员就在陷阱中发现了未知的苍蝇。苍蝇有成千上万只，昆虫学家艾米丽·哈托普（Emily Hartop）集中研究属于异蚤蝇属（*Megaselia*）的苍蝇。

每一个陷阱都至少有一种新物种，而且每一个苍蝇的命名都是为了纪念它的主人。因此它们被命名为阿姆斯特朗异蚤蝇（M. *armstrongorum*）、布雷迪异蚤蝇（M. *bradyi*）、迈克·杰克逊异蚤蝇（M. *mikejohnsoni*）、斯塔普托异蚤蝇（M. *steptoeae*）等。而且很快，数以万计的其他昆虫标本也被捕获——蝴蝶、飞蛾、蜜蜂、蚊子、蠓、苍蝇和蚊蚋——但没有进行评估。换句话说，未知的多样生物无处不在，我们周围到处都是。去自家的后院看看，那里就有。

海洋等足类动物非常普遍，甚至可以说无处不在。根据沃尔的说法，彭彻夫在帕希尔德尔玛发现新物种之前，在加利福尼亚海岸收集到的所有海洋等足类动物，都被例行认定为扇尾水虱（*E. amplicauda*）这一早为人所知的生物。1857 年，美国博物学家威廉·斯廷普森（William Stimpson）描述了它。沃尔说："他做了一件非常典型的事，你在 1857 年也会这么做。他写了一段文字，画了一幅小画，还对此做了几句评论。我觉得他在说，他其实是在海星上发现了这个标本，它相对较大，或者是类似的东西——很不确定。"

这种描述太模糊了，以至于任何外形与之相差甚远的海洋等足类动物都被认定为扇尾水虱。但显然不止这一种物种，比如彭彻夫发现的标本。沃尔说："它很明显不是扇尾水虱。"没有人对太平洋沿岸采集的等足类动物进行过足够仔细的研究，以确定新的物种。"这一小类物种在世界范围内都杂乱无章，没有人愿意花时间去区分它们。多年来，分类学家一直把那个属的所有物种都叫作扇尾水虱。"

斯廷普森是一个勤奋的收藏家，1832 年出生于波士顿，主要兴趣是海洋无脊椎动物。他一生中收集的成千上万个标本，目前几乎都消失了。1871 年，他成为芝加哥科学院院长，在那里建立了一个庞大的自然历史标本库，是当时世界上最大的自然历史标本库之一。1871 年 10 月，悲剧发生了。芝加哥大火燃烧了两天，造成 300 人死亡。大火蔓延到芝加哥科学院，人们以为博物馆大楼能抵御大火。但没想到就连玻璃也融化了，一切都被摧毁了：斯廷普森在 20 年的研究中收集的标本被烧毁了；从史密森学会借来的 1 万罐甲壳类动物标本也被烧毁了——那是当时甲壳类物种最大的收藏。无数的书面观察报告、半完成的手稿和手绘的标本插图都没有了。一年后，斯廷普森死于肺结核。

等足类动物数量大、种类多，在世界范围内有一万多种，其中大约一半是海洋物种，其余的是陆地物种。它们在远古时代就已经存在，最古老的化石来自大约 3 亿年前的，看起来像微型装甲运兵车。许多等足类动物会清除腐烂的动植物。有一些是食肉性的，其他的是体内或体外寄生虫。最大的等足类动物是一种淡粉色龙虾大小的深水物种——大王具足虫（*Bathynomus giganteus*），它生活在海底，身长达到两英尺以上。仅彭彻夫等足虫隶属的等足目就包括 99 个属和近 700 种生物。

在斯廷普森发现扇尾水虱时，他还没有现代扫描电子显微镜，但沃尔和他的合作者们有。首先给扇尾水虱脱了水，并覆上金和钯混合的膜。然后，通过将一束细电子束聚焦在它的表面，沃尔可以将一个微小的板状彩色标本转换成显示器屏幕上的高分辨率图像。研究人员可以研究它的外形轮廓，测量它向下弯曲的雕刻般的尾鳍和它的 7 对有关节的腿。在澳大利亚热带昆士兰博物馆的尼尔·布鲁斯（Niel Bruce）的帮助下，沃尔和维泽尔开始从其他博物馆中借用标本——从东北太平洋海岸线采集的等足类动物。沃尔说："我们基本上将所有博物馆中曾被描述为扇尾水虱的标本汇集在一起。最终，我们发现了几个不同物种的标本。"

像往常一样，沃尔利用雄性等足类动物身上的纹饰——就像彭彻夫在帕希尔德尔玛的正模标本上发现的一排排针状凸起——来鉴定一个新物种。当沃尔看到借来的标本时，他意识到这是几个非常独特的物种。任何看到高倍图像的人都能把它们分辨出来。另一种新物种罗素·汉索尼等足虫（*E. russellhansoni*）来自普吉特湾附近的浅水区，而阿弗罗迪塔等足虫（*E. aphrodita*）生活在圣地亚哥附近的海岸线上。研究表明，扇尾水虱—— 一个物种数量突然变多的亚目，可能只生活在加州中部海岸，靠近托马利斯湾。

沃尔从位于华盛顿特区的美国国家自然历史博物馆拿到了另一个小瓶。里面是 12 个深灰色的鼠妇标本，保存在乙醇中。瓶子上的标签上写着“基斯卡港，阿拉斯加——海滩，低水位”。这些标本是 1873 年由美国的一位气象学家和博物学家威廉·希利·达尔（William Healey Dall）收集的。达尔乘坐着一艘简陋的木制科考船，在白令海上遥远的阿留申群岛海域航行。那是在 6 月，海面上一片漆黑。达尔是美国海岸勘测队的一员，他在海上航行了几个月，进行了水深测深，并对阿拉斯加海岸线进行了三角测量，提供了用于制作该地区第一张精确海图的信息。达尔到哪里都收集自然历史标本，他的野外记录是用铅笔在一个小小的黄色日志上手写的，字体是倾斜的，这份记录已经被数字化，可以在网上找到。140 多年后的今天，读这些笔记时，你会发现它们有一种奇怪的诗意，比如“北美云杉在林间凋零，白菜花满眼盛开”。

在阿留申群岛西端，地震频发的火山岛——拉特群岛，达尔收集了等足类动物。它们来自基斯卡岛东海岸的基斯卡港。几周后，1873 年 8 月 5 日，他又收集了一些，这次是在东南 50 英里外的安奇卡岛的北海岸。那天，达尔的日记上写着:“1873 年 8 月 5 日，雨天，东南有雾，暴风雨……持续一整天。

到了晚上，天气稍微稳定了一点，但风还是老样子。”

在他的野外记录中，达尔列出了他所见过或杀死的鸟类的名单，漫不经心地核对了一下。他描述了自己射杀一只海豚的情景——从范围来看，这很可能是一只以他姓名命名的“达尔鼠海豚”（*Phocoenoides dalli*），又名白腰鼠海豚。他仔细地画出海岸线和倾斜的悬崖，甚至没有提到等足类动物。最终它们被认定为扇尾水虱，并保存在美国国家自然历史博物馆。但它们其实不是扇尾水虱。沃尔将它们命名为倍登等足虫。它们的数量不多，他说，可能有十来只。它们很可能是所有收藏中唯一存在的标本。他说：“可能再也没有人收集过倍登等足虫。所有的标本都来源于那个瓶子。它就在那里，在位于阿留申群岛的一个小岛上，非常偏远。”

这个被沃尔在洛杉矶检验的标本，包含着等待被发现的秘密。这就是保存完好的标本的力量所在：新技术出现后，这些标本可以用新的方法重新进行研究。

沃尔说：“洛杉矶自然历史博物馆甲壳类动物藏品数量位居世界第四，在美国仅次于史密森学会。它基本上就像是我们收集到的所有各种各样生物的分类宝库。这里有一些已经灭绝物种的标本，我们拥有其中一些物种为数不多的代表性标本。”

沃尔的大部分时间都在修道院般的安静中度过，周围都是保存完好的标本罐。他确信种类未确认的等足类动物并不少。他说：“我向你保证，在我们的藏品中，有数百种甚至上千种等待被确认的物种。到处都是没有被描述的物种。”

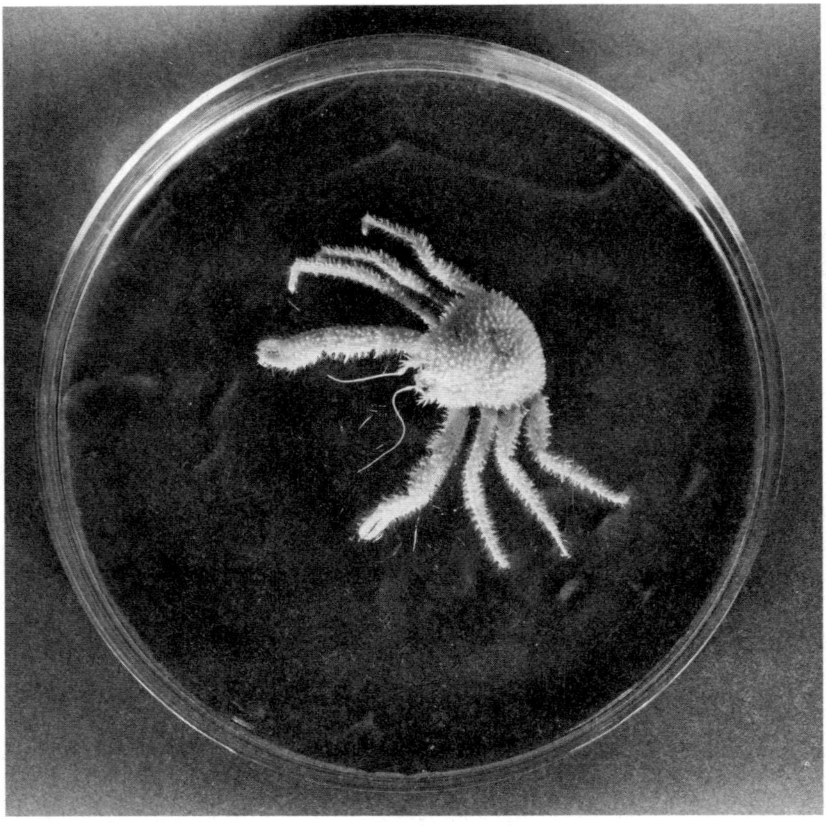

浑身是刺：马卡罗夫帝王蟹

（*Paralomis makarovi*）

1906年6月4日，阿拉斯加以西的白令海看起来灰蒙蒙的，像花岗岩一样坚硬。一艘名为“信天翁号”（USS Albatross）的蒸汽船正在那里作业，在鲍尔斯海岸附近的海床上进行疏浚。鲍尔斯海岸是一条430英里长的海底山脊，从阿留申群岛向北延伸，然后向西蜿蜒直达俄罗斯。

信天翁号是美国鱼类委员会的一艘考察船，也是第一艘专门用于海洋研究的船，于1882年下水。1906年5月，它从旧金山向北航行，在阿拉斯加的荷兰港停靠。在接下来的几个月里，它将完成环绕西北太平洋的航行：从荷兰港向西穿过白令海，到达俄罗斯远东，然后向南经过日本，沿着众多日本岛屿之间的曲线航线前行，最后返回阿拉斯加。信天翁号沿途在385个站点停靠，从海底取样，同时收集水文和气象数据。

1906年6月4日，在第4771号收集站，铅锤抵达了鲍尔斯海岸附近的海底。当时是早上7:02。船和海底之间是半英里深的黑暗冰冷的海水。

2008年，原名萨莉·霍尔（Sally Hall）的萨莉·斯诺（Sally Snow）在华盛顿特区的美国国家自然历史博物馆无脊椎动物动物学部门进行为期5周的研究访问。她发现了一个装满液体的大罐子，里面是第4771号收集站的标本。标本未收编，仍然属于未知。斯诺是一名甲壳动物学家，研究蟹类。她曾在无脊椎动物动物学部门工作，研究其广泛收集到的帝王蟹标本。她说："我对这里的藏品进行核查，观察了这个特殊的科内所有的螃蟹——石蟹科（Lithodidae）。"

斯诺当时是南安普敦国家海洋学中心（National Oceanography Centre）的一名学生。在过去的几周里，她一直在收集并测量大型螃蟹标本，这为她的论文构建了一系列精确的测量数据。她希望通过比较相近的螃蟹，揭示不同种类的螃蟹如何适应它们的栖息地，尤其是深度方面。她说："我做了一套特定的测量体系，尤其是关于腿的长宽比、甲壳的各个方面，以及它们的花纹。"

斯诺访问世界各地的博物馆和研究机构，参观及测量螃蟹标本。她去了位于伦敦的英国自然历史博物馆、位于巴黎的法国国家自然历史博物馆、位于波恩的柯尼希博物馆、位于法兰克福的森肯堡自然博物馆、位于不来梅的阿尔弗雷德·魏格纳极地和海洋研究所，以及马德里和维戈的其他有大规模无脊椎动物藏品的博物馆和研究机构。

但现在，在史密森学会，她说："他们有很多大罐子，里面装着种类不明的物种。要么被确认到族，标签上写着'石蟹科'和收藏细节，要么只是写着'未分类'。"斯诺说，在鲍尔斯海岸收集的标本是一个她不认识的物种。她拿起一个标本，它的腿无力地挂在甲壳上。那个时候斯诺已经测量了几千件螃蟹的标本。她告诉我："我从事这项研究已经两年半了，所以立刻就知道这是一个新物种。它看起来和我以前见过的螃蟹都不一样。"

她估计，她是那时世界上仅有的仅凭观察就能识别出这些标本是一种新物种的 10 个人之一。斯诺以 V. V. 马卡罗夫（V. V. Makarov）的名字给这个新物种命名为马卡罗夫帝王蟹。V. V. 马卡罗夫在 1938 年发表了一篇关于石蟹生物地理学的开创性论文。她说，从形态上看，这种螃蟹就像一个刺球。它身体紧实，每一部分——从小小的梨形甲壳和整齐地盘在身下的腿——都长满了刺，每个锥形脊柱上都覆盖着刚毛。这是一种坚硬的毛发状纤维。这些标本大多是淡粉色，腿褪成了骨头一样的白色。斯诺说："根据同样栖息深度的同科其他生物，我觉得它们活着的时候身体是深粉色或橙色的。"

这种螃蟹属于一个更大的科：石蟹科。科内目前已知的物种约有 107 种，分为 10 个属。它们分布的栖息地及范围不同，大多是在漆黑的深海。严格来说，石蟹科物种并不算是真正的螃蟹，而更接近寄居蟹。

石蟹科物种仍然很神秘。它们生活的地方很深，研究难度大。其中的布维尔石蟹（*Paralomis bouvieri*）被发现于 4 152 米的深处，深度超过 2.5 英里。在这样的深度，要研究它的生活习性几乎是不可能的。事实上，马卡罗夫帝王蟹看起来一点也不像一个典型的石蟹科物种。最明显的是，它体形小。许多帝王蟹品种"蟹如其名"，体积达到"帝王"级别。堪察加拟石蟹（*Paralithodes camtschaticus*），通常被称为红帝王蟹，是一种被大量捕捉的蟹种，在鲍尔斯海岸也有发现，与马卡罗夫帝王蟹和其他一些石蟹科物种生活范围一样。它那宽大的锈色甲壳上布满瘤状结节和凸起，显得崎岖不平。大型成年堪察加拟石蟹的甲壳几乎有一英尺宽——轮毂盖那么大。它的腿长达到 6 英尺，是比较典型的石蟹科物种。斯诺说："我已经习惯了看大螃蟹。"

相比之下，马卡罗夫帝王蟹身体最宽的地方大约是 10 厘米。它舒服地卧在斯诺的掌心里，就像一个苍白的、长满毛的圆盘。斯诺第一次看到瓶子里的标本时，她怀疑这是一种已知的海石蟹科物种的幼体。斯诺说，随着螃蟹长大成年，它们的外表会发生很大的变化，所以她问认识的阿拉斯加研究人员，是否见过与这些标本类似的螃蟹。他们回答见过，但是这个物种还没有被描述出来，没有名字。她说："帝王蟹早已为人所知。发现一些与已知物种如此不同的动物是非常令人兴奋的。"

在2009年发表于《动物分类学》(*Zootaxa*)杂志的论文中，斯诺还描述了另外3个新物种：来自南卡罗来纳州的酒精仿岩蟹(*Paralomis alcockiana*)、来自菲律宾的尼沃萨仿石蟹(*Paralomis nivosa*)和来自加拉帕戈斯群岛的加拉帕戈斯石蟹(*Lithodes galapagensis*)。她在美国国家自然历史博物馆找到了这3类蟹的正模标本。尼沃萨仿岩蟹和马卡罗夫帝王蟹在架上搁置的时间几乎一样长。1908年12月，尼沃萨仿岩蟹在信天翁号随后的航次中，于菲律宾巴拉望岛附近被发现。

像斯诺这样的发现在史密森学会这样的著名科学标本收藏机构中经常出现。简言之，美国国家自然历史博物馆的无脊椎动物收藏中收藏了大量的标本，把它们全部分类是不可能的。

"美国国家自然历史博物馆的甲壳类藏品约有631 779件，装在大大小小的罐子或容器里。"甲壳动物学家兼博物馆甲壳类策展人拉斐尔·勒迈特(Rafael Lemaitre)说。他表示，这些藏品中大约有26万件(不到一半)确认到特定水平的类别，其余种类不明。20年前，国家自然历史博物馆雇用了10名策展人来管理甲壳类动物标本，但现在仅剩勒迈特。他像灯塔看守人一样一个人走在安静的过道里，凝视着罐子，小心翼翼地照料着超过50万件标本，其中大部分都在等待被研究。

1906年的美国信天翁号代表了一种范式的转变，它实现了科研标本收集的产业化。船上有一个最先进的实验室，可以在捕获的标本浮出水面时对其进行处理。它的探险因灾难延迟：由于当年5月的旧金山地震，它的出发被推迟了好几天；1906年11月21日，在返航途中，船长勒罗伊·M.加勒特

（LeRoy M. Garrett）落入檀香山西北的海里溺亡。航行虽然危险，但收获颇丰。科学家们夜以继日地处理标本，船上甚至还有一位鸟类学家负责收集和分类这些鸟类标本。奥斯汀·霍巴特·克拉克（Austin Hobart Clark）细致地记录着。他写到了在阿留申群岛的阿加图岛上的加拿大雁："我击落了 9 只，只用了很少的火药和一盎司 10 号子弹。我带 10 号弹药的目的是确保抓到北美歌雀（*Melospiza*）和铁爪鹀（*Calcarius*）；即使是这样轻的负载，用 12 铅径的枪射击一次也击中了两只。我相信，如果有目标出现的话，我可以在一个上午的散步中就杀死 100 多只。"

1907 年，信天翁号在菲律宾进行调查时，船上的博物学家使用了海底拖网、挖泥船、中水拖网、刺网、浮游生物网、海滩围网和手绳。他们把炸药扔进水里收集岩礁鱼，炸死了大部分生物。他们有时候甚至以硫酸铜污染潮汐池为代价收集标本中发现的微生物。总共收集了 10 万到 15 万份标本，约占美国国家自然历史博物馆鱼类部门全部藏品的 8%。有一些在 1907 年的远征中收集到的物种是它们第一次也是最后一次被收集到，比如菲律宾康吉吻鳗（*Congrhynchus talabonoides*）和菲律宾深海尾鳗（*Bathyuroconger parvibranchialis*）。

当 1906 年西北太平洋探险队收集的生物标本开始到达美国国家自然历史博物馆时，需要评估的标本太多，估计有 90 件，而分类学家又太少，无法完成这项工作。这种种类确定的障碍在过去 10 年间更加严重。勒迈特自己无法描述和命名这数千种未知的标本，这样的情况很常见。许多大型收藏机构都已经没有策展人。规模较小、资金不足的机构的藏品有时会全部丢失——基本上都是被遗弃的。有时，被遗弃的藏品会被纳入更大的机构中，有时会因为疏于照管而状况变差，然后就被遗忘了，标本被丢弃，标签丢失。这种情况下，数十年甚至数百年的努力都会化为泡影。分类学家昆汀·惠勒

（Quentin Wheeler）说，在启蒙运动之前，我们关于物种的知识每 400 年就会翻一番。当林奈（Linnaeus）在 1758 年出版了第 10 版的《自然系统》（*Systema Naturae*）并引入二名法的概念时，分类学知识大约每 50 年翻一番。这是物种发现的黄金时代。但到了 20 世纪中叶，给新物种命名的速度再次放缓。目前，它大约每 200 年翻一番。换句话说，我们的发现速度回到了 18 世纪 50 年代的水平。这并不是因为可供描述的物种越来越少：我们几乎可以说还没有开始描述和分类地球上的物种。据保守估计，分类学家只命名了地球生物的 10%。未知的物种还在等待着，我们需要通过描述来填补空白。

从 1906 年信天翁号远征西北太平洋收集的标本中总共发现了 200 多种新物种。从第 4771 号收集站中挖掘出来的还有深红拟石蟹（*Lithodes couesi*），一种像盘子那么大的猩红色巨型帝王蟹；无数等足类、虾类、水螅类和章鱼的标本、一只海蛇尾，或是蛇尾海星；一件 *Stauroteuthis albatrossi*——一种小型扁平的底栖章鱼——的单一标本；一个干燥的鸡爪海星（*Henricia leviuscula spiculifera*），也叫血星；6 只东方扁虾（*Eualus biunguis*）；60 余只铗藻虾（*Eualus biunguis*）；一种新的、未被描述的海绵；还有两个鲑鱼玻璃扇贝（*Cyclopecten davidsoni*）的标本，一种底栖双壳类动物。一种新的石蟹科物种在一个世纪里都没有被发现，这并不奇怪——它被安放在藏品中一个僻静的角落里。莎莉·斯诺分不清两种等足类动物——她说她甚至不知道它们是什么。但她立刻注意到了马卡罗夫帝王蟹，她的眼睛敏锐地捕捉到其独特性。

勒迈特说："原始的藏品就像一件件珍宝。每次观察这些标本，就像是在探索未知的世界。"

植物

宜家袋里：香莓藤属植物

（*Monanthotaxis Genus*）

2015 年 4 月，法国蒙彼利埃发展研究所研究员、植物学家托马斯·库弗雷尔（Thomas Couvreur）在喀麦隆中部的奥特托莫森林保护区散步，那是一个他曾多次调查过的著名植物区，在一条主干道附近。他没想到会在这片已经调查得如此透彻的雨林中发现新的植物物种。他甚至连植物压榨器都没有带——这是植物学家在野外携带的一个重要器材，可以让他们永久保存标本。

在离小路不远的地方，库弗雷尔被一株藤本植物绊了一跤，这是一种长型木本藤蔓，细细的树干呈淡红色，上面是精致的象牙色小花瓣。库弗雷尔是一位研究不同植物物种之间关系的系统学家，在喀麦隆生活了近 4 年。他仅凭目视就知道这株藤蔓属于香莓藤属，但对它的种类不太确定。他说："找到正在开花的这种植物非常罕见，所以我把它装在宜家的袋子里。"后来，在雅温得，库弗雷尔把藤蔓从蓝色塑料袋里拿了出来，小心翼翼地把标本放进植物压榨机里。

2016 年，荷兰的一名研究人员保罗·霍克斯特拉（Paul Hoekstra）描述了这种植物，并将其命名为库弗雷尔香莓藤（*Monanthotaxis couvreurii*），以纪念库弗雷尔收集到其正模标本的贡献。荷兰自然生物多样性中心和瓦赫宁根大学的研究人员霍克斯特拉在同一篇论文中描述了另外 8 种香莓藤属植物。

香莓藤属属于番荔枝科（Annonaceae family），它的成员分布在热带地区，大多以藤本植物的形式生长。它们的木质藤蔓垂直地延伸到雨林中，在形成树冠的树枝之间形成了一个错综复杂的网络。在高空——某些情况下它们攀附生长的树可以超过 120 英尺高——花朵盛开，然后很快就消失了。即使像库弗雷尔这样在森林深处工作的植物学家都可能永远看不到它们。他说："它们就在那里，但你收集不到，所以相当于整个属很少被收集到。我们有的标本很少。"

这给植物学家提出了一个特殊的难题。这就好比像小型犬浣熊这样的哺乳动物的物种定义的特征只持续了几天，然后就消失了。当在野外发现开花植物的标本时，植物学家就会争分夺秒地把它收集起来。几年前，也就是 2013 年 11 月，库弗雷尔在加蓬伊文多国家公园的艾帕萨研究站附近收集到了另一种香莓藤属植物。库弗雷尔说："这个植物实际上已经掉到地上了，它悬在小路上方。我看得出来这是香莓藤属植物。这种植物的花不是长在主干上的，而是在枝条的顶端。藤蔓倒挂下来的时候，我可以很轻松地拿到它们，并收集起来。"

有一些物种——比如库弗雷尔香莓藤——在主干上开花，被称为干生花。这对植物学家又是一个具体的难题：花可能长在主干上，但是有着重要的区别特征的叶子在离冠层很远的地方——藤本植物的末端。其他物种，比如 2013 年库弗雷尔在加蓬看到的，属于香莓藤属的一个更大的类群，它们在藤本植物的远端，也就是枝条的末端开花。这株落下的藤本植物上点缀着像小绿豌豆一样含苞待放的花朵，后来成为拉蒂斯塔米纳香莓藤（*Monanthotaxis latistamina*）的正模标本——这是霍克斯特拉命名的另一个新物种。

根据 2010 年的一项研究，只有 16% 的植物新品种会在野外被收集后的

5 年内得到描述，其余的等待时间更长，近 25% 的新物种要等 50 多年才能被描述。它们被干燥并压平在植物标本室的薄片上——这种方法与 16 世纪甚至更早以前用来保存植物标本的技术基本一致。它们被赋予目录编号并纳入收藏中。史密森学会美国国家植物标本室中最古老的植物标本是 1504 年收集的。

古老的植物标本令人着迷。它们把科学方法的精确性与植物本身的有机的、实事求是的简单性结合起来。在过去，植物标本表常常被装订成书。400 年前的旧笔记本上布满了由压扁了的古旧树叶做成的褪色的涡卷装饰，向四角肆意舒展。

在莱顿自然生物多样性中心的植物标本中，有一件最古老的番茄植物标本，收集于 16 世纪 40 年代早期。里面有一个皱巴巴的、畸形的番茄，一直悬挂在茎上，它活力十足的颜色并未褪去，下面写着它的名字“爱欲之果”（*Poma amoris*），这是番茄在欧洲传播的早期名称。这是真正的古董。莎士比亚还没有出生时，这个番茄就已经在纸页上被压平了。大约在同一时间，体态肥胖的亨利八世正忙着杀自己的妻子们。1542 年，他处决了凯瑟琳 · 霍华德，并在一年后与他的第六任也是最后一任妻子凯瑟琳 · 帕尔结婚。

在对从世界各地借来的 2 000 多种香莓藤标本进行检查时，霍克斯特拉发现了他所描述的所有 9 种新物种的分类标本。库弗雷尔于 2015 年在喀麦隆收集了库弗雷尔香莓藤的正模标本，而更早的标本是在 1970 年 5 月收集的，并保存在巴黎的法国国家自然历史博物馆和喀麦隆国家植物标本馆中。拉蒂斯塔米纳香莓藤的标本也收藏于巴黎，时间可以追溯到 1975 年。还有其他标本，大部分是在 20 世纪 60 年代采集的，保存在植物标本馆已有 50 年。早期的分类学家区分不同的香莓藤物种时非常困难，因为分类标本缺乏已定义物种的花或果实：它们是不育的。所以，植物学家不得不研究这些叶子，但这些叶子的独特之处通常隐藏了起来。霍克斯特拉说，随着分子技术的出现，这种情况也发生了变化。

他说："我观察它们的形态。但也比较标本的 DNA。"通过比较几种标志基因，霍克斯特拉可以了解香莓藤物种之间的关系。要做到这一点，只需要一片叶子，甚至只是一片叶子的一小部分。在通常情况下，仅根据这一部分的形态不足以划定一个物种。

在这些新命名的物种中，曾克香莓藤（*Monanthotaxis zenkeris*）在架上待的时间最长。1907 年，德国园艺家和植物学家乔治·奥古斯特·曾克（Georg August Zenker）在喀麦隆收集了它的正模标本。在最近前往喀麦隆的实地考察中，霍克斯特拉并没有看到这种植物。他怀疑它已经在野外消失了，现在只有旧的存档标本。1907 年曾克收集到正模标本时，他已经在非洲生活了 20 多年——先是在刚果，然后在加蓬。最后，他定居在当时还是德国保护国的喀麦隆，娶了一个非洲女人，并学会了说当地的语言。曾克还学会了如何理解在雨林中的鼓点信息。久而久之，他和当地的人融为一体。而他也是一位收藏家，有几个物种是以他的名字命名的。他如饥似渴地收集着各种东西。1897 年，德占喀麦隆总督杰斯科·冯·普特卡默（Jesko von Puttkamer）在拜访曾克后写道："他的房子就是一个完整的博物馆，里面摆满了人类学珍品文物、照片、油画和水彩画、草药、毛皮和头骨、武器、人偶、鸟类标本等。"

iDigBio 生物标本在线数据库包括曾克收集的 4 000 多个标本，它们都来自喀麦隆的同一个小地方。现在它们被收藏在奥斯陆、巴黎和圣保罗等地的博物馆，以及菲尔德博物馆、纽约植物园植物标本室和还收藏着林奈收集的标本的瑞典乌普萨拉大学进化博物馆。有一张曾克在喀麦隆西南部比平迪拍摄的照片：他高挑苗条，黑眼睛、黑胡子，戴着一顶白色尖顶帽，穿着优雅的白色高腰吊带裤，一只修长的手指懒洋洋地搭在一条腿上。谁敢在喀麦隆雨林里穿一身白衣服？

这正是自然历史藏品的用处。植物标本代表着持续了几个世纪的对话。单个标本本身是没有意义的，因为只是被断章取义地评估。2014 年，香莓藤有 56 种，而现在是 67 种。霍克斯特拉说不久将会有更多。他怀疑种数接近 100 种，并计划在未来几年里描述更多的物种。正如他所做的那样，像库弗雷尔这样的系统学家将开始对他们所研究的物种之间的相互关系，以及驱动它们进化的力量，有一个更加全面和细致入微的理解。人们可以知道这些物种是如何形成的。

这是很重要的。目前，植物学家只了解喀麦隆和加蓬热带雨林这类相互关联的巨大生态系统的一小部分。热带雨林就像一个庞大的绿色大脑，但是我们对它的理解比我们对大脑的理解还少。像霍克斯特拉这样的研究人员仍然不知道一些关于香莓藤物种的最基本的事实，比如它们如何授粉、它们的种子如何散播、不同的物种什么时候发生基因分化、它们的生活范围如何辐射到整个非洲，并随之进化。植物学家甚至从未见过或收集过这种新物种的果实。其他物种可能含有对治疗疟疾等疾病有用的药用成分。霍克斯特拉告诉我，我们对该属了解的地方比不了解的地方要多很多。

已知最古老的香莓藤属植物标本是由林奈的使徒、瑞典植物学家亚当·阿夫采利乌斯（Adam Afzelius）于 1795 年 12 月在塞拉利昂采集的。霍克斯特拉还把这个标本借到了莱顿。它来自瑞典乌普萨拉的植物标本馆。这个标本已经有 220 多年的历史了，现在已经很脆弱了，但仍然很有用。根据霍克斯特拉的说法，它是巴特里香莓藤（*Monanthotaxis barteri*），但几个世纪以来一直被错误分类。他说，在很长一段时间里，确定西非香莓藤物种的关键是它们的花朵特征。阿夫采利乌斯采集标本时它却在结果。几周前它还在开花期，还可以认出来，但当他在森林里看到它时，却无法辨认了。不过霍克斯特拉现在能够鉴定出来。有时，一个物种的分类需要几个世纪的时间，一点点进行修正。

库弗雷尔将继续尽可能多地在野外工作。2015 年，他描述了一种来自加蓬的新植物物种。它的花像是一个漂亮的由小红花瓣组成的圆盘，围绕着一个由松散排列的雄蕊组成的黄色锥形中心。它非常独特，库弗雷尔在另一个充分调查过的地区的主干道附近发现了它。为了纪念大卫·艾登堡爵士（Sir David Attenborough），他将其命名为 *Sirdavidia solanonna*。但后来，在伦敦邱园的植物标本室里，他发现了一个于 1973 年收集的这种植物的干燥标本。

库弗雷尔在中非雨林的绿穹之下工作了几个月，只收集原始标本。这些标本提出了问题，大量藏品一起才能给出答案。库弗雷尔说："它们是一切的基础。没有它们，我们一无所知。"

其他

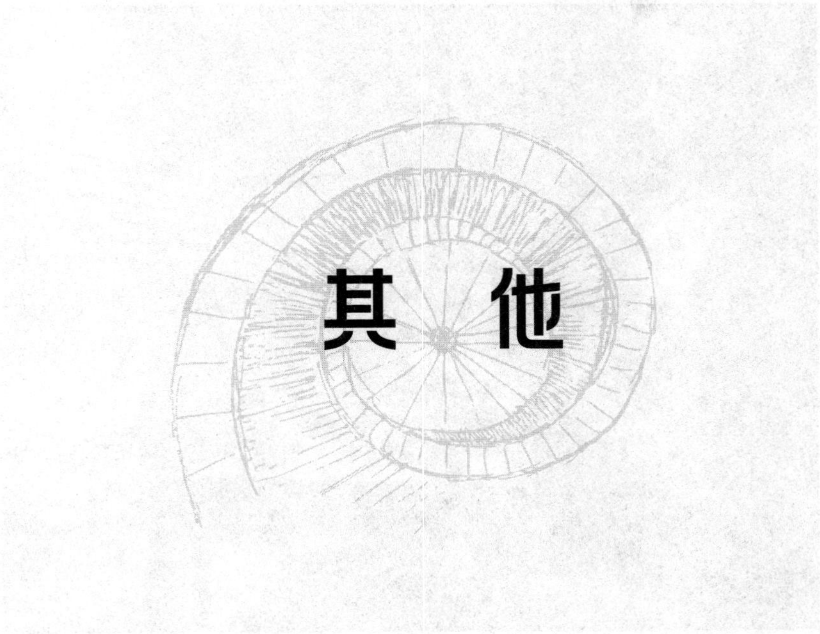

在石膏里等待：化石

——埃尔默·里格斯收集的古生物标本

比尔·辛普森（Bill Simpson）站在芝加哥菲尔德自然历史博物馆一间专门存放大型化石的储藏室里，操纵着一辆叉车。在他面前的木制托盘上有两根长长的板灰色骨头：三角龙（*Triceratops*）的股骨，像被砍倒的树干一样并排放在一起。古生物学家埃尔默·里格斯（Elmer Riggs）1904 年在蒙大拿州的一次野外考察中收集了这些化石。自 1979 年以来一直在菲尔德博物馆工作的辛普森估计，每块骨头重约 100 磅。

古生物学家在野外发现化石残骸时，他们会用绷带或浸在湿石膏里的粗麻布把它们包裹起来，变干后会在脆弱的化石周围形成一个保护层。埃尔默·里格斯在 1904 年对三角龙的股骨进行这样的处理，现在的古生物学家仍然如此。但里格斯在蒙大拿州发现这些骨头时，这是一个特别重要的步骤。这些骨头是在一辆木制马车的挖掘现场被发现的，它们在高低不平的地面上相互碰撞、挤压。有一张里格斯在探险的照片，他骑着一匹小白马，走在两匹马拉着的马车前面，穿过一片布满卵石的土地，高举着一面印有“菲尔德哥伦比亚博物馆”字样的旗帜。

几十年前，三角龙的骨头被包裹在它们在野外做成的保护层里，运到了博物馆，上面写着它们的野外编号。然后，化石标本制作人员小心翼翼地将骨头从石膏中取出，将化石周围的基质一块一块地移除。辛普森说："从化石上取下石膏的过程确实是我们科研过程的一个瓶颈。我们没有把收集到的化石标本都进行处理，因为没有足够的人手。"

而优先级低的包着石膏的标本在等待。在辛普森的左边，在一面墙里，有几排巨大的包着石膏的标本。它们被摆放在辛普森所说的超大号房间的架子上。一个多世纪以前，里格斯在落基山脉、加拿大阿尔伯塔省、玻利维亚和阿根廷探险时，收集了一些包着石膏的标本。辛普森说："当他从探险队回来的时候，他收集的标本只有一些被处理了，包括裹着石膏的大家伙。"没有人确切地知道里面的东西是什么。

在 1899 年 12 月拍摄的一张照片中，穿着考究的里格斯站在菲尔德哥伦比亚博物馆的古生物学实验室里。他的助手哈罗德 · W. 门克（Harold W. Menke）穿着条纹围裙，站在他对面的桌子上，从一块在科罗拉多州大章克申收集的化石上取下石膏。在这两个人身后，一根巨大的黑色股骨像卡通人物一样靠在墙上，股骨的末端和门克的头一样又大又圆。这两个人的周围都是化石：超大的椎骨、特大号的长骨、船桨那么大的肩胛骨。在房间的一边立着一块腕龙（*Brachiosaurus*）股骨化石，仍然包裹在石膏里。如果说一块腕龙的股骨已经很大了，那么外面再包裹一层白色石膏看起来就大得令人难以置信，就像弗雷德 · 弗林特斯通在《摩登原始人》片头字幕里扔在他车顶上的骨头一样。

里格斯是一位哺乳动物化石专家。1898 年底，他受雇于当时仍名为菲尔德哥伦比亚博物馆的菲尔德博物馆。他在古生物学中一个非常特殊的时期结束时开始在那里工作，这个时期被称为"化石大战"。在过去的 20 年里，两位古生物学家——费城自然科学院的爱德华 · 德林克 · 柯普和耶鲁大学皮博迪自然历史博物馆的奥斯尼尔·查尔斯·马什（Othniel Charles Marsh）——展开了一场不友好的、卑鄙的竞争，目的是要成为世界上杰出的化石收藏家。这场战斗横跨美国西部，穿过落基山脉，在怀俄明州、犹他州、科罗拉多州等地的采石场和岩层中进行着。战果如下：异特龙（*Allosaurus*），发现人：马什；迷惑龙（*Apatosaurus*），发现人：马什；异齿龙（*Dimetrodon*），发现人：柯普；圆顶龙（*Camarasaurus*），发现人：柯普；腔骨龙（*Coelophysis*），发现人：柯普；剑龙（*Stegosaurus*），发现人：马什；三角龙，发现人：马什；等等。

马什和柯普之间的竞争一直进行到两人去世，他们一共发现了30多种恐龙。1898年里格斯被雇用之前，博物馆要求他证明自己的能力。辛普森说："他们把他带到南达科塔州的野外去试挖。"里格斯成功地挖掘到大量化石。辛普森继续说："他是我们的第一位古生物学家。1899年，他去了怀俄明州；1900年和1901年，他在科罗拉多州西部继续挖掘，这就是他收集到腕龙的地方。"

里格斯接到了一项特殊任务：挖掘出一具完整的恐龙骨架，用来在菲尔德博物馆展出。在20世纪初，美国的4家博物馆陷入了另一场竞争，每个博物馆都想成为第一个展示完整的蜥脚类恐龙骨架的博物馆。于是，比赛开始了。辛普森说："这场竞争包括纽约的美国博物馆、纽黑文的耶鲁大学皮博迪自然历史博物馆和匹兹堡的卡内基博物馆。菲尔德博物馆刚刚建立，资金不足。"

里格斯前往西部寻找大的恐龙化石。1901年，他挖出了大约一具完整度高达65%的雷龙（*Brontosaurus*）化石，然后菲尔德博物馆的工作人员把石膏取下来，将支架弯曲，把它展示了出来。1905年，美国博物馆和耶鲁大学皮博迪自然历史博物馆展出了雷龙标本。最终，迷惑龙这个名字比雷龙更为人所知。关于雷龙究竟是迷惑龙的一个无效命名还是本身就是一个有效物种的争论还在继续。卡内基博物馆随后在1907年发现了一头梁龙（*Diplodocus*），这是迷惑龙的近亲。菲尔德博物馆最终在一年后展出了雷龙。1922年，里格斯率领一支探险队来到加拿大阿尔伯塔省南部，在遥远的红鹿河荒地上收集白垩纪晚期的恐龙。总之，里格斯和他的5人小组发掘了大量的化石，包括史前海龟和几只鸭嘴龙。其中一只是赖氏龙（*Lambeosaurus*），收藏于菲尔德博物馆展览。它被摆成趴在地上的样子。惧龙（*Daspletosaurus*）的骨架高耸在上，摆出要吃掉赖氏龙的姿势。但是，1922年收集的其他化石仍然没有处理好。辛普森说："现在仍然有相当多的包着石膏的化石，其中大部分是鸭嘴龙。"它们被放在超大空间的架子上，像奇怪的白色巨石。"鸭嘴恐龙已经得到了详细研究，其研究的优先级相当低……尽管我们现在有一位恐龙古生物学家，但他并不专注研究鸭嘴龙，所以1922年收集的那些标本仍然保存在这些大型野外标本中。"

1999年，辛普森负责"苏"的处理工作，"苏"是一具霸王龙（*Tyrannosaurus rex*）的骨架，现在位于菲尔德博物馆斯坦利菲尔德大厅的主要位置。他说："我有两个处理实验室，都是我们所说的展览实验室，那里有一面玻璃墙，人们可以看到我们在做什么。"其中一个实验室在菲尔德博物馆，另一个在佛罗里达州奥兰多的迪士尼乐园。"我把苏的后半部送到迪士尼乐园，让我们的3个标本制作人员在那里处理。"佛罗里达团队提前几个月完成了运送过去的化石的处理工作。"我想确保我们在合同的最后两三个月里充分利用了他们的专业知识。我翻看里格斯的野外笔记，寻找可能还在石膏里的宝藏。"

其中一个看起来很有希望。辛普森说："我找到了他1922年收集的一种小型食肉恐龙的资料。"它是在红鹿河荒地探险中发现的。"这可能是霸王龙的幼龙，也可能是小型成年恐龙，也许是一些新恐龙物种，无论是哪种都会很有趣。包在石膏里的标本有3件，我把它们寄给了迪士尼乐园的处理人员。"

苏

在石膏里，标本制作人员发现了一具惧龙骨架的一部分。辛普森说："这只小型幼年惧龙的尾巴保存得比苏的还要完整，两条后腿可以说更完整，其中一条后腿是百分之百完整保存的。每根骨头，包括脚上所有的小骨头，都是完好的。这真是一个令人惊奇的幼龙标本。"

被忽略的不只是藏在那些石膏里的化石。2016 年 10 月，菲尔德博物馆的脊椎动物古生物学家富宫苏目（Susumu Tomiya）命名了两种已经灭绝的犬熊科新物种。那是一类体形较小的食肉动物，是狗和熊的近亲，生活在大约 4 000 万年前。富宫根据菲尔德博物馆藏品中的一块颚骨和一块不完整的头骨碎片命名了其中一种。这些化石不是里格斯挖掘出来的，而是于 1946 年在得克萨斯州西南部被发现的。它周围已经没有石膏，富宫在一个抽屉里发现了它。该标本在 20 世纪 80 年代被错误分类，并被归入一个错误的属。

富宫是偶然间发现了它的下颌骨。他告诉美联社："我喜欢利用业余时间在藏品的过道里来回踱步，拉开各个抽屉。有一天，我偶然发现了这种看起来很有趣的食肉动物的下颌。"这个发现很重要，科学家们现在已经描述了 6 种犬熊。新的数据将帮助他们解开这个群体进化的奥秘。

2003 年，菲尔德博物馆的古脊椎动物化石藏品被转移到一个新的侧厅。那是一个面积 18 万平方英尺[1]、两层楼高的地下设施。相比之下，以前用来存放未处理的标本的空间很狭窄，光线也很差。辛普森说："以前的地方不够大。石膏标本堆了 4 层。房间里光线不足，但即使光线足够，你也读不懂大部分是石膏上的野外编号，因为它们被上面的石膏标本盖住了。我们搬进这个最先进的新设施后，第一次能够对这些石膏做一个完整的清单。我们还发

[1] 1 平方英尺 =0.092 9 平方米。

现了一些东西，我们甚至都不知道自己有这些东西。”

2014 年，菲尔德博物馆的古生物学家迈克尔·汉森（Michael Hanson）和彼得·马科维奇（Peter Makovicky）在《古生物学》（*Historical Biology*）杂志上发表了一篇论文，描述了从一块石膏中发现的一件蛮龙（*Torvosaurus*）脚骨化石：标本 FMNH PR 3060。这些化石来自怀俄明州的冻结山，于 1899 年夏天被里格斯收集。辛普森说，这件石膏包着的化石大小和形状和微波炉差不多，保存了一个多世纪，表面已经破损，很多外层的石膏脱落。“这些破损的石膏就像一只脏兮兮的袜子一样硬邦邦的，里面的化石也不再得到保护。”他说。

辛普森在运送的过程中用了超过半吨的石膏来修补其他损坏的石膏。对这件石膏包着的化石，他没有进行修补，而是决定对它进行处理。蛮龙是一种大型食肉恐龙。1979 年，根据在科罗拉多州西北部一个采石场发现的化石，蛮龙被首次描述。里格斯 1899 年收集到的化石在发现时间上要早得多，但至今仍未得到检查。

在另一个例子中，辛普森发现了 13 件巨大而神秘的石膏—— 一块块大型的石膏，他没有这些石膏的任何数据。他说：“其中一些确实有编号，但我就是读不懂。”他把石膏摊在地上，试图破译其中的内容。在其中一块石膏的外面有一个字迹潦草的编号：“F-742”。他说：“我在某个时候意识到，其中有 5 个看起来比较相似，就像它们的横截面。”“我把它们一起放在地上，想起我们有一根 6 英尺长的股骨。它来自一只雷龙，包在 5 层石膏里。这帮助我读懂了剩下的标本：它们都是来自同一件标本的脊椎骨。事实上，其中一个是‘D-742’，意思是脊椎骨（dorsal），而‘F-742’是股骨（femur）。于是我意识到，‘742’是时间，1942 年 7 月。”

辛普森说，这些化石仍然被包裹在保护它们的石膏中，将作为那具 1908 年开始展览的雷龙标本的备用件。

埃尔默·里格斯于 1963 年去世，享年 94 岁。他的职业生涯中最重要的成就是两次南美洲探险—— 一次是 1923 年，另一次是 1926 年。他在玻利维亚和阿根廷收集了 1 500 多块化石，其中包括 1 300 多块哺乳动物化石、126 块鸟类化石、13 块爬行动物化石，还有几块恐龙化石和几块鱼类化石。每年，来自世界各地的古生物学家都会对这些收集于南美洲的化石进行研究，尤其是哺乳动物化石。这些标本中有 19 种新描述的物种的正模标本：几种史前啮齿动物、巨型地懒、食肉有袋动物，以及两种大型的不能飞的食肉鸟类，被称为恐怖鸟。里格斯的事迹被报纸报道之后，美国公众一直在关注着这件事。1925 年 2 月，《纽约时报》发表了一篇头条新闻《菲尔德博物馆探险家在玻利维亚发现了怪物的战场》。

里格斯总共带回了 3 000 多磅化石。它们都被运到菲尔德博物馆，裹在粗麻布和石膏里，就像未经抛光的宝石被包裹在硬邦邦的脏袜子里。作为一名哺乳动物专家，里格斯的余生都在收集哺乳动物化石。1934 年，他根据 1926 年他在阿根廷收集的化石残骸，描述了阿托克斯袋剑齿虎（*Thylacosmilus atrox*）——字面意思是“可怕的袋装切肉刀”。这是一种大型剑齿食肉有袋类动物，是上新世的哺乳动物。当里格斯在阿根廷西北部的卡塔马卡发掘出它宽大而沉重的头骨时，它已经灭绝了大约 200 万年。这个头骨主要由两颗巨大的、几乎重叠的镰刀形犬齿占据，位于其形状奇怪的下颚的沟槽中。将近一个世纪后，古生物学家们继续从里格斯在南美洲收集到的大量化石标本中进行探索。2012 年，美国博物馆古生物学家布鲁斯·肖基（Bruce Shockey）根据里格斯于 1924 年在阿根廷皮科特伦卡多发掘的化石，描述了菲尔德箭齿兽

（*Elmerriggsia fieldia*），这是有蹄哺乳动物箭齿兽（toxodon）的一个新物种。

辛普森站在铲车的控制台上，小心翼翼地向前移动了几英寸，把装着三角龙股骨的托盘放入了货架上指定的位置。在房间的另一边，一排未开封的含有化石的石膏在等着我们：雷龙的股骨、鸭嘴龙，或许还有另一具更完整的惧龙骨架。每块化石，哪怕是最小的，都完好无损。辛普森说，仅在里格斯的南美洲探险之旅的收获中，就有 28 件含化石的石膏放在菲尔德博物馆没有打开。还有 35 件包裹连外包装都没有拆。它们按时间顺序排列在货架上，在芝加哥繁华街道的地底深处存放着。它们又回到了地下，回到了寂静之中。

辛普森说："我们有许多里格斯挖掘到的大型哺乳动物的化石还包着石膏。在其中一块石膏里可能会有新发现。"它们就这样放在托盘上，像苍白的幽灵一样堆叠在一起，直到有人去掉粗麻布和石膏，把它们打开。

第一件艺术品：早期人类雕刻
——一片有50万年历史的贝壳

在荷兰莱顿自然生物多样性中心的藏品中，有一件贝壳化石。它呈浅灰色，弧形，像一个浅碗，属于现已灭绝的冯·德姆布希亚努斯特尼里拟齿蚌（*Pseudodon vondembuschianus trinilensis*）。莱顿大学的考古学家约瑟·乔登斯（Jose Joordens）说，藏品里总共有几百片贝壳，都被堆放在盒子里。这只淡水贝壳是许许多多贝壳中的一片——总共有100多片。但是这片贝壳和其他的都不一样。

1891年，在印度尼西亚爪哇岛的特里尼尔，荷兰军医尤金·杜巴斯（Eugène Dubois）正在对梭罗河附近的遗址进行挖掘。他来到亚洲只有一个目的：寻找缺失的那一环——一种填补了类人猿和现代人之间化石记录的空白的过渡物种。1886年，他在比利时的斯佩发现了两具几乎完整的尼安德特人（Neanderthal）骨架，并受到启发。大约在那个时候，像恩斯特·海克尔（Ernst Haeckel）这样的人类学家已经确立了人类生命起源于亚洲而不是非洲的理论。加入荷兰军队后，杜巴斯被安排驻扎在荷兰东印度群岛，即今天的印度尼西亚，在那里他可以寻找过渡时期人类物种的化石遗迹。

人们以前在特里尼尔发现过化石，杜巴斯决定从那里开始挖掘。首先，他在河的一个宽阔的拐弯处发现了一个不完整的头骨——只是颅顶，也就是头盖骨。它有着浓厚的骨状眉峰，剩下的头骨都不见了。几英尺外，他发现了两颗大臼齿。一年后，在更远的地方，出土了一根完整的长股骨，像是人类的股骨。杜巴斯找到了缺失的那一环：它以爪哇人这个名字闻名于世，其大脑比我们的小，大约是现代人大脑体积的三分之二，但像我们一样直立行走。杜巴斯将其命名为爪哇直立猿人（*Pithecanthropus erectus*）。这一发现于1894年公开，后来由于对早期人类的分类进行了重新规划，这个物种被重新命名为直立人（*Homo erectus*）。

除了骨头和牙齿之外，杜巴斯还收集了在特里尼尔挖掘地发现的数百个贝壳化石。在莱顿的杜巴斯收藏馆中，共有143个壳体相连的贝壳和其他碎片，一共代表11种软体动物。在其中一个贝壳的外部，有几处深深的、有棱角的划痕分布在圆形蚌壳的中间。乔登斯说："这有点像Z字形图案。每个角度都非常相似，非常有规律，或多或少位于外壳的中间。"

乔登斯说，这些痕迹是大约50万年前岛上唯一居住的直立人留下的。像贝壳上的凹槽这样的几何雕刻是一种创造性和表达性的行为，具有现代人认知的标志。也许是有意的，甚至有可能是为了创作艺术品，至少证明了这些人拥有有意识的、庞大而复杂的大脑。2007年，澳大利亚国家博物馆考古学家斯蒂芬·门罗（Stephen Munro）在考察早期人类遗址出土的贝壳时意外发现了壳上的划痕，差点就被他忽视了。

门罗小心翼翼地把存放在雪茄盒里一个多世纪的贝壳取出来。因为他在莱顿有几个小时的时间，没有时间挨个仔细检查，所以决定把它们都拍下来。他快速把贝壳放在摄像机下，拍下了数百个贝壳，然后就离开了。一个多月后，门罗从野外工作回到澳大利亚时，他还没有看照片。他说总共有大约300张数码照片。他开始翻看它们，在贝壳表面的裂纹图案中寻找人类活动的迹象。接着他打开了最后几张图片中的一张：298 号。

门罗说："当我打开第 298 张图片时，我没想到能看到切割的痕迹。太让人吃惊了，我差点从椅子上摔下来。"门罗靠近屏幕，鼻子几乎碰了上去，检查标本编号为 DUB1006-fL 的冯 · 德姆布希亚努斯特尼里拟齿蚌。它上面的图案是两条斜线，旁边是一个奇怪的斜体 *M*，类似 *I I M*，划在贝壳表面。他说："这么古老的贝壳根本不可能有这样的标记，直立人应该没有能力做出这样的划痕。"这些划痕实在模糊，门罗一个月前在处理贝壳时并没有看到它们。拍照的时候，贝壳是被斜射光从侧面照亮的，这样就能看到上面的标记。他说："我立刻意识到，如果它们被证明是真品，这将是一个意义重大的发现。"

这个壳上的划痕代表了最早的原始人类的抽象标记，而且范围很广，可以追溯到人类的起源。像法国拉斯科和西班牙阿尔塔米拉的旧石器时代洞穴壁画可以追溯到大约 4 万年前。最近在直布罗陀洞穴墙上发现的尼安德特人标记—— 一个标签状的雕刻，可以追溯到大约 39 000 年前。而这个贝壳上的印记要古老得多。直立人是一种神秘的古人类，从东欧的格鲁吉亚一直向东延伸到爪哇。尼安德特人和早期智人（H. *sapiens*）在欧洲的洞穴墙壁上作画时，直立人已经灭绝了。据估计，他们在 10 万年前就消失了。

乔登斯说："直立人可能起源于大约 190 万年前的非洲。20 万年后，它的生活范围渐渐地从非洲往外扩。它是第一个长相和现代人相似的物种：长长的腿、相似的身材和体形。它的大脑容量相当大，所以在很多方面，你可以说它是南方古猿和看起来更像现代人的物种之间的第一个过渡物种。"

乔登斯和她的合作研究者用两种年代测定法测定了贝壳腔内沉积物的年代，发现这些沉积物的年龄在 38 万～ 64 万年之间。她怀疑直立人使用了一种现成的锋利物体，也许是鲨鱼的牙齿，在贝壳上做标记。乔登斯说，藏品里的一些其他贻贝标本，在壳后方的闭壳肌附近有小小的圆洞，这是直立人打开贝壳吃里面的东西时留下的。另一个贝壳被用作工具。她说："它的两侧都有人留下的痕迹，所以刻痕非常锋利。在我目前正在研究的藏品中，还有一些贝壳也可能是工具。这说明，一旦你开始着手研究，就会发现更多。"

贝壳可能是我们所拥有的最重要的物种之一，意义重大。它的存在先于人类很长一段时间，代表了最为久远的历史。它们实际上算是史前的生物。贝壳上的记号，是由具有像我们这样手的人亲手做出来的。这就像黑暗中微弱的闪光，海上的一道闪电。当 50 万年前它被做出来的时候，尼安德特人的祖先——海德堡人（*Homo heidelbergensis*）或罗得西亚人（*Homo rhodesiensis*）——开始离开非洲，向世界各地迁徙。尼安德特人一直生存到大约 30 000 年前。

2003 年，考古学家在爪哇以东 700 英里的弗洛雷斯岛上发现了另一种体形较小的古人类的骨骼残骸。这些骨头被命名为弗洛瑞斯人（*Homo floresiensis*），俗称霍比特人（hobbit），这些残骸和在它们附近发现的工具的年代都在 50 000 ～ 100 000 年前。在西伯利亚，另一种被统称为丹尼索瓦人（Denisovans）的原始人类，至少在 50 000 年前就已经存在了。还有其他早期人类分散在各地，可能有更多的物种在这片土地上生活，但现在他们都消失了。换一种历史情况，直立人可能会取代我们，占据主导地位。智人的生存从未得到保证。当直立人在爪哇岛上用手拿着一个拟齿蚌的壳，并用鲨鱼的牙齿在其表面刻画，在青苔绿的壳上留下了新鲜的白色线条——这个世界的故事仍在上演：*IIM*。

乔登斯已经回到特里尼尔进行其他的野外工作：在棕榈树环绕着的被淹没的稻田边挖掘。远处的拉武火山是一座活火山，它朦朦胧胧的山顶郁郁葱葱。自 1885 年以来，它一直处于休眠状态。谁知道她会在潮湿的河岸边发现什么？乔登斯希望找到更多的手工制品，更多人类活动的标志。她希望这些物品的重要性能立即引起人们的注意。如果人们还未意识到，像莱顿自然生物多样性中心不断扩大的档案馆这样的收藏机构就会继续保留它那些藏品。这些标本将被保存下来，直到新技术的出现，使研究人员能够解释它们的含义。在欧洲的其他地方的高山斜坡上，一定还有隐藏的洞穴，它们诉说着艺术印象最初的萌芽、物种的灭绝和充满灾难的冬天。乔登斯说："重要的是要保留这些藏品并不断检视。我敢肯定，几乎所有的博物馆藏品都没有得到充分的研究。"

杜巴斯收集的藏品放满了莱顿自然生物多样性中心的一整层楼，有大约 40 000 个标本，从地板到天花板的架子上都是纸箱。在这些藏品中，贝壳看起来很独特。乔登斯检查了一遍又一遍，希望能找到更多有意为之的标记，但一无所获。她说："它太脆弱了。因为在土壤中埋藏了很长时间，这些贝壳受到了轻微的侵蚀，所以表层被风化剥落了。"如果在其他贝壳上有痕迹，现在也消失了。

"我们在这只贝壳上发现了这些细微的痕迹。它们刻印得足够深，使得它们能够保存下来，这纯粹是运气和巧合。"

后　记

2011 年夏天，伦敦大学皇家霍洛威学院的古生物学家霍华德 · 法尔肯 - 朗（Howard Falcon- Lang）正待在英国地质调查所的藏品储藏室中。低矮的储藏室里有一排排的金属架，每个金属架上都是一堆堆木箱，上面有简易的金属插销。这里总共收纳了几个世纪以来收集的 300 多万份标本。当法尔肯 - 朗在浏览这些藏品时，他注意到一个看起来不协调的旧木柜。

他在 2012 年接受采访时说：“我拉开抽屉，往里面看了看。我拿出的第一块玻片标本基本上就是这块了。”他说着，举起一张玻片标本，让光线透过它。玻片标本中间是一个略大于邮票的黑色长方形，玻片标本一端有手刻的字样：C. Darwin Esq（查尔斯 · 达尔文先生）。这是一片属于查尔斯 · 达尔文的玻片标本。他说：“我简直不敢相信，我的心怦怦直跳。”

他偶然发现了 300 多张玻片标本，160 多年来都没有人研究过它们。许多玻片标本都属于约瑟夫·胡克（Joseph Hooker）。他是一位著名的植物学家，也是达尔文的朋友，1846 年曾在英国地质调查所短暂工作过。但有一些是属于达尔文的，他在智利海岸附近的奇洛埃岛收集的木化石的玻片标本。1834 年，达尔文乘坐小猎犬号，在几天阴雨连绵的糟糕日子里考察了该岛。在英国地质调查所工作的短暂时间内，胡克开始收集和整理这些藏品。1847 年 11

月，他去喜马拉雅山进行植物探险，但并未完成预期目标。

这些玻片标本直接将他与达尔文联系了起来，需要一些机缘巧合才能发现它们。如果鞋带松开或手机嗡嗡作响分散了法尔肯-朗的注意力，他就可能永远也发现不了它们。但是，他发现了。人们总有这样的发现：1930 年以来罐子里的青蛙、1914 年罗斯福总统收集的貘、未被注意的线虫。它们默默无闻地度过了几十年，甚至几百年。Obscurity（鲜为人知）一词源自拉丁语 obscurus，意为“隐藏的，隐秘的，未知的”。

事情就是这样。据估计，仅在美国就有 10 亿件自然历史标本保存在标本储藏室。从全球来看，可能超过 30 亿件。据估计，美国 1 800 个自然历史标本收藏机构中的大部分标本数量不是很大，可能只有几千条硬骨鱼、一箱天牛甲虫，或者一小部分的洪都拉斯蝴蝶标本。它们大多数并不在史密森学会、加州科学院或哈佛大学比较动物学博物馆等硬件完善、管理规范的大型机构中。

描述和命名工作还在继续：1954 年在南非西开普省收集，2015 年命名的美丽闪亮的黑色潜水甲虫普里基彩斑龙虱（*Capelatus prykei*）；1904 年收集的一只蝴蝶；一个极小的存在一个世纪之久的象甲；在巴黎一个几乎被遗忘的盒子里，装满了 20 世纪 30 年代收集但从未命名的非洲热带黄蜂；1959 年从中国南海收集的未鉴定的深海竹节虫；一种根据 1974 年采集的 11 个标本命名的豉甲新物种。2016 年，斯克里普斯海洋研究所的海洋生物学家菲利普·哈斯廷斯（Philip Hastings）描述了兰斯洛特喉盘鱼（*Gobiesox lanceolatus*）。正模标本于 1965 年被科学家们在盘型潜水艇上收集，盘型潜水艇是雅克·库斯托（Jacques Cousteau）为探索深海环境而发明的一种狭小的潜水艇，这个标本也是该物种唯一的已知标本。喉盘鱼通常生活在潮间带浅水区，头部宽阔，身体粗壮呈锥形，尾巴突起。这只像个褐色的小逗号的喉盘鱼附在一块石头上，从洛斯弗雷尔斯海底峡谷底部被带到了地表。它栖息的地方比同属的其他物种都要深，它们都等着为人所知。2009 年，美国自然历史博物馆鳞翅目昆虫学家吉姆·米勒（Jim Miller）描述了一种非常漂亮的飞蛾——*Pseudoricia flavizoma*。它的前翅是粉末状单一的橄榄灰，但后翅是成熟柠檬的颜色。它于 1933 年 3 月在哥斯达黎加收集。米勒在英国自然历史博物馆的一个装着未分类的蛾子盒子里发现了两个标本。克里斯托夫·赫尔根说，他知道至少有 50 种未知的哺乳动物标本待在博物馆的收藏里。2017 年 1 月，赫尔根加入了一个团队，命名了天行长臂猿（*Hoolock tianxing*），这种长臂猿生活在缅甸和中国西南部的热带森林中。1917 年，罗伊·查普曼·安德鲁斯（Roy Chapman Andrews）和伊维特·博鲁普·安德鲁斯（Yvette Borup Andrews）在美国自然历史博物馆亚洲动物学考察期间，收集了它的正模标本。

本书的核心问题再次出现：这重要吗？

很重要。

一种不知名的、后翅呈明亮的黄色的哥斯达黎加小蛾子很重要；未知的深海竹节虫、无肺蝾螈和中国长臂猿也很重要，它们甚至在被描述之前就已经濒临灭绝了。每一个新命名的物种都是黑暗中一缕新的微光。1758 年，林奈出版了《自然系统》的第 10 版，也是最后一版，命名了 7 种蝙蝠。现在被确认的蝙蝠物种已经有超过 1 200 种。它们都告诉了我们一些关于它们所居住的生态系统，以及这些系统是如何随着时间而演化的深刻而重要的信息。

我们人类生来就在对周遭的世界进行分类。这是与生俱来的，我们一直在对事物进行分类。30 000 年前，在拉斯科的岩洞里，用奔跑的鹿和野牛的图案在岩壁上绘画的石器时代艺术家是早期的分类学家。50 万年前，勤劳的直立人在爪哇水域中采集贝类，在湿漉漉的贝壳上雕刻出 Z 字形图案。他们当时应该就已经理解了 50 万年后尤金 · 杜巴斯从挖掘现场发掘出的 11 种淡水软体动物之间细微的分类学差异。

科学家之所以能够描述在架上长时间放置的物种，只是因为这些标本在收集过程中得到了仔细的维护。但是世界各地的藏品都面临各种威胁——被忽视、缺乏资金、工作人员减少、战争，以及认为高分辨率的物体图像是物体本身的替代品的观念。皮蠹甲虫的侵袭可以摧毁一个藏品，它在不可替代、独一无二的标本上钻洞，直到标本被摧毁。在热带地区，湿气侵袭，使标本损坏，直至腐烂。2011 年 3 月，日本东海岸发生了 9 级地震，大量博物馆藏品遭到严重破坏。在接下来的几周里，博物馆策展人们带领着一支志愿者队伍，用手清理了数千种昆虫标本上的泥土，这些标本的别针因地震的力量而变弯。

2014 年，30 名意大利研究人员发表了一篇论文，声称意大利的自然历史藏品遭到严重忽视，几近完全损坏。委内瑞拉埃尔利蒙市的兰乔格兰德生物站博物馆收藏了 12.7 万件标本，其中包括 50 件珍贵的正模标本。由于近期政治和经济的动荡，曾经负责藏品的 11 人小组已减少到只有 2 名工作人员，不堪重负。2016 年 4 月，一场大火摧毁了印度新德里的印度国家自然历史博物馆。一夜之间，大火烧毁了这座 6 层楼高的、印度第一个也是唯一一个自然历史博物馆。

“损失难以用金钱来衡量。”印度环境、森林和气候变化部长普拉卡什·雅瓦德卡尔（Prakash Javadekar）这样告诉《印度时报》。印度国家自然历史博物馆将被重建，博物馆策展人、藏品管理员和野外生物学家将参与这一过程。

即使这需要几十年的时间，他们也会从这堆废墟上慢慢建构出一些有意义的东西。

分类学是一项孤独的研究，由于现在从事这项研究的人越来越少，它变得更加孤独。自2003年以来，DNA条形码开始逐渐取代传统的分类学。这引发了经典分类学家和分子生物学家之间至今悬而未决的争论。DNA条形码是一种快速而准确的技术，它依靠不同生物体DNA序列的微小差异来区分物种。毫无疑问，这是一个强大的工具。2015年8月，国际生命条形码项目（International Barcode of Life project）宣布已经实现了其主要目标：对代表50万种不同物种的500万个标本进行DNA条形码编码。最终，每个已知物种都会拥有DNA条形码。这样研究人员就能从标本中分离出DNA，并利用DNA条形码数据库立即进行识别。如果生物多样性被认为是一支复杂的交响乐曲——物种是音符，属是小节，等等——DNA条形码就是有潜力识别乐谱上每一个音符的工具。音符之间的相互关系突然消失：音高、音阶、节奏、节拍。每个音符将从前后的音符中分离出来，缓慢的构建也将不复存在。DNA条形码本身就像一个单独的音符一样毫无意义，根据它什么都推断不出来。一名合格的技术人员可以在一年之内检测完成数千个有效DNA条形码，却永远无法对DNA条形码背后的进化过程形成有根据的、深入的理解，这需要分类学家来完成。在这个过程中，他们试图理解自然界及其数百万年的进化过程，由此我们也开始了解我们所生活的世界。

在今天芝加哥、柏林、犹他州洛根的自然历史藏品收藏机构中，一位分类学家正小心翼翼地从架子上拿出一个装满标本的抽屉。在修道院般沉静的环境中，她轻轻地把它放在工作台上。在过去的几年里，这位分类学家一直沉迷于一个特定属内的物种间几乎难以察觉的差异中。她研究了生命之树上每一根几乎被遗忘的枝干上的每一个嫩芽和嫩枝。她远离远处展厅的人群，用一盏灯照着抽屉里的东西。当她检查古旧的手写标签时，物种分化的模式浮现出来。在这些百年标本中，她看到了一些若隐若现的全新的东西。

它甚至连名字都没有，至少现在还没有。

插图说明

1. 芝加哥菲尔德自然博物馆的一个在1951年收集的小型犬浣熊的头骨。图源：克里斯托夫·肯普（Christopher Kemp）。

2. 3件于1903年收集的乌查岭鼠标本，现保存于纽约市的美国自然历史博物馆。图源：安戈洛·索托-森特诺（Angelo Soto- Centeno）。

3. 一个可能是新物种的貘的头骨，由西奥多·罗斯福1914年在巴西远征中收集。图源：安戈洛·索托-森特诺（Angelo Soto- Centeno）。

4. *Pithecia capillamentosa* 的正模标本，后来重新命名为 *P. chrysocephala*，由约翰·巴普蒂斯特·斯皮克斯1817年在法属圭亚那收集。图源：鲁道夫·基尔（Rudolf Gerer）。

5. 一件西巴布亚鼠袋狸标本，由恩斯特·迈尔1928年于新几内亚收集。图源：华贾·戈茨（HwaJa Goetz）/ 德国柏林自然博物馆。

6. 华莱士慈鲷，收藏于1924年4月，现存于斯德哥尔摩的瑞典自然历史博物馆。图源：斯文·库兰德和安德蕾拉·亨尼（Andrea Hennyey）。

7. 1919年，西澳大利亚博物馆鱼类藏品中的在海滩上收集的红宝石海龙标本。图源：尼古拉·塔塔尼克（Nikolai Tatarnic）。

8. 1938年，在哈佛大学路易斯·阿加西比较动物学博物馆里的 *Thorius*

pulmonaris 的副模标本。图源：约瑟夫·马丁内斯（Joseph Martinez）。

9. 2006 年，大卫·布莱克本在喀麦隆的姆巴山进行实地考察。图源：凯瑟琳·S. 布莱克本（Katherine S. Blackburn）。

10. 1924 年收集的史密斯隐身壁虎正模标本，现保存于英国自然历史博物馆的达尔文中心。图源：马克·奥谢亚。

11. 马修·巴芬顿从犹他州洛根借来的瘿蜂标本。图源：马修·巴芬顿。

12. 威廉·克拉克 - 麦金泰尔 1939 年在厄瓜多尔。图源：密歇根大学动物博物馆昆虫部的 C. H. 肯尼迪·奥多纳塔档案室。

13. 达尔文隐翅甲的正模标本。图源：宏观解决方案（Macroscopic Solutions）的马克·史密斯（Mark Smith），英国自然历史博物馆马克斯·巴克莱提供标本。

14. 比利时特尔菲伦的中非皇家博物馆存档中的刚果长尾蜓标本。图源：克拉斯 - 杜威·迪杰斯特拉。

15. 1907 年，华盛顿特区的国家自然历史博物馆缪尔楔形甲虫正模标本的前半部分。图源：卡洛琳·达罗（Karolyn Darrow）。

16. 唯一已知的玛丽·金斯利天牛标本，收集于 1896 年。图源：皮埃尔·尤厄尔。

17. 华盛顿特区的美国国家自然历史博物馆收藏的一件收集于 20 世纪 30 年代的拟食虫虻标本。图源：约翰·迪蒙德（John Deamond）。

18. 克里斯·汉密尔顿在纽约的美国自然历史博物馆研究狼蛛标本。图源：艾米·斯基比尔（Amy Skibiel）。

19. 埃里克·霍伯格 1975 年在阿留申群岛布尔迪尔岛进行野外考察。图源：埃里克·霍伯格提供。

20. 英国自然历史博物馆的软体动物藏品。图源：乔恩·阿布莱特。

21. 1873 年，威廉·希利·达尔收集的倍登等足虫高倍图像。图源：亚当·沃尔等,《动物之谜》杂志 504（2015）：11-58。

22. 1906 年收集的马卡罗夫帝王蟹标本。图源：约翰·迪蒙德。

23. 2016 年，托马斯·库弗雷尔在喀麦隆的酒椰林中进行野外调查。图源：富屈埃·库弗雷尔（Foulques Couvreur）。

24. 埃尔默·里格斯和哈罗德·W. 门克于 1899 年在芝加哥菲尔德哥伦比亚博物馆古生物学实验室。图源：照片 CSGE03248，由菲尔德自然历史博物馆照片档案馆提供。

25. 莱顿大学收藏的一枚 50 万年前的贝壳，上面有有意识刻上去的标记。图源：维姆·拉斯坦豪威尔（Wim Lustenhouwer）。